Andreas Bartholomé
Josef Rung
Hans Kern

Zahlentheorie für Einsteiger

Andreas Bartholomé
Josef Rung
Hans Kern

Zahlentheorie für Einsteiger

**Eine Einführung für Schüler, Lehrer,
Studierende und andere Interessierte**

Mit einem Geleitwort von Jürgen Neukirch

3., verbesserte Auflage

Dr. *Andreas Bartholomé* und *Josef Rung* unterrichten am Hans-Leinberger-Gymnasium in Landshut.
Anschrift: Jürgen-Schumann-Straße 20, 84034 Landshut

Dr. *Hans Kern* unterrichtet am Schyren-Gymnasium in Pfaffenhofen/Ilm.
Anschrift: Niederscheyerer Straße 4, 85276 Pfaffenhofen

Die Deutsche Bibliothek – CIP-Einheitsaufnahme
Ein Titeldatensatz für diese Publikation ist bei
Der Deutschen Bibliothek erhältlich.

1. Auflage Januar 1995
2., überarbeitete Auflage September 1996
3., verbesserte Auflage Mai 2001

Der Verlag Vieweg ist ein Unternehmen der Fachverlagsgruppe
BertelsmannSpringer.

www.vieweg.de

Konzeption und Layout des Umschlags: Ulrike Weigel, www.CorporateDesignGroup.de
Druck und buchbinderische Verarbeitung: Druckerei Langelüddecke, Braunschweig
Gedruckt auf säurefreiem Papier
Printed in Germany

ISBN 3-528-26680-5

Geleitwort

„Von der Mathematik habe ich nie etwas verstanden!" Wann immer wir Mathematiker uns als Mathematiker zu erkennen geben, wird uns dieses freimütige Bekenntnis der Ignoranz serviert, meist im Tonfall der Genugtuung und mit der Gebärde des Triumphes, so als ob man sich damit in die Gemeinschaft der normalen Menschen einreiht, denen eine menschliche Seele innewohnt und ein warmes Herz in der Brust schlägt.

An der Mathematik liegt es nicht, dass sie in so mißlichem Ansehen steht. Wer ihr im echten Sinne begegnet ist, weiß, dass sie eine Welt der Wunder und der Schönheit ist, und wird sich vor dem obigen Ausruf ebenso verwahren wie vor stolzem Bekenntnis, nicht zu wissen, wer Beethoven ist. So muß es wohl an der Art liegen, wie sie unterrichtet wird, die Mathematik.

Das vorliegende Buch von **A. Bartholomé, J. Rung** und **H. Kern** setzt diesem Zerrbild unserer Wissenschaft die schöne Wahrheit entgegen. Es ist an die Schüler und – mit gutem Grund – an die Lehrer des Gymnasiums gerichtet. Ihr Gegenstand ist die *Zahlentheorie*, die „Königin unter den mathematischen Wissenschaften". Die Autoren haben für die Schule ein vorbildliches kleines Werk geschaffen. Es lebt von dem Wissen erfahrener Lehrer, von der Liebe echter Mathematiker zu ihrem Metier und von einer heiteren Lebendigkeit der Darstellung. Kluge Auswahl und weise Beschränkung des Stoffes zeichnet die Autoren als treffliche Lehrmeister aus. Nirgendwo werden „Klappern" zu billigem Erfolg herangezogen, überall handelt es sich um echte und wesentliche mathematische Probleme und Ereignisse, die in verständlicher Weise dargestellt werden, und von denen man sicher sein kann, sie auch im Bereich moderner Forschung anzutreffen.

Die Darstellung ist in einer schwungvollen, verführerischen Sprache gefaßt, die im jugendlichen Leser eigene Vorstellung und eigene Phantasie hervorzurufen vermag. Die vielen Aufgaben sind so gestellt, dass sie dem erfolgreichen Bearbeiter zum echten mathematischen Erlebnis werden können. Er wird später mit Freude berichten: „Ich habe einmal die Mathematik verstanden".

Das Buch ist als ein Addendum zum gewöhnlichen mathematischen Unterricht am Gymnasium zu verstehen. Würde dieser Unterricht von seiner quälenden Uberladenheit befreit und auf allen Stufen in dieser Weise geführt, so könnte sich das Bild der Mathematik in der Gesellschaft zum Besseren wenden.

Regensburg, Dezember 1994   Prof. Dr. Jürgen Neukirch

Vorwort

„...Was Sie mir von Ihrer Seite wie im Auftrag von Herrn Euler sagen, ist zweifellos viel glänzender. Ich meine das schöne Theorem von Herrn Euler über Primzahlen und seine Methode, zu testen, ob eine gegebene Zahl, wie groß auch immer sie sein möge, eine Primzahl ist oder nicht. Was Sie sich bemühten, mir über den Gegenstand zu berichten, erscheint mir sehr scharfsinnig und Ihres großen Meisters würdig. Aber finden Sie nicht, dass es für die Primzahlen beinahe zuviel Ehre ist, soviel Gedanken über sie zu verbreiten, und sollte man nicht Rücksicht auf den verwöhnten Geschmack unserer Zeit nehmen? Ich unterlasse es nicht, allem, was aus Ihrer Feder kommt, Gerechtigkeit widerfahren zu lassen, und bewundere Ihre großen Geisteskräfte, um die mißlichsten Schwierigkeiten zu überwinden; aber meine Bewunderung verstärkt sich, wenn das Thema zu nützlichen Erkenntnissen führen kann. Ich schließe hierin die gründlichen Untersuchungen über die Stärke von Balken ein, von denen Sie sprechen..."

soweit Daniel Bernoulli in einem Antwortbrief an Nicolaus Fuß, den Assistenten Eulers (nach A. Weil).

Wir werden dennoch nicht über die Stärke von Balken berichten, sondern den Primzahlen die Ehre antun. Dazu wollen wir die Leser dieses Buches im Klassenzimmer abholen und ins so helle und doch geheimnisvolle Reich der Zahlen führen. Dieses Buch handelt von dem, was schon die kleinen Kinder können und kennen: vom Zählen und den natürlichen Zahlen $1, 2, 3$ und so weiter. Das Buch wurde für die Schulbank geschrieben: für Pluskurse oder Freiwillige Arbeitsgemeinschaften in Mathematik und Informatik, als Anregung für Jugend – forscht – Arbeiten oder als Hilfe für das Lösen von Aufgaben aus dem Bundeswettbewerb Mathematik. (Es wurde in den Schuljahren 1991/92 und 92/93 in einem Pluskurs am Hans–Leinberger–Gymnasium in Landshut verwendet. Teile von ihm dienten bei der Durchführung eines Proseminars an der Universität Regensburg.) Dieses Buch möchte etwas von dem spielerischen und experimentellen Charakter der Zahlentheorie vermitteln, es wird zeigen, wie man den Computer sinnvoll einsetzen kann– und es soll verdeutlichen, welche Grenzen diesem Rechenknecht gesetzt sind. Auch der Lehrer und Liebhaber wird sicher einiges Spannendes in dem Buch entdecken. In der Schule bleiben ja leider das Rechnen und die Algebra meist im rein Formalen. Dagegen ist die bescheidenste Geometrieaufgabe oft mit einer kleinen Erkenntnis verbunden. Auch im Algebraunterricht könnte das so sein. Es ist ein Unterschied, ob man um des Rechnens willen rechnet, oder ob man rechnet, weil man einer aufregenden Entdeckung auf der Spur ist. Es ist etwas anderes, die binomischen Formeln zu üben um des Übens willen, oder ob man mit ihrer Hilfe Erkenntnisse über die Zahlen sammelt. Wir hoffen, der Leser wird hier einiges finden.

Wer unser Buch studiert, soll dabei viel Handwerkliches mitbekommen, auch Anwendungen des doch etwas trockenen Algebrastoffes lernen (viele der über 300 Aufgaben sind Routine, aber so manche sind sehr schwer und fordern alle Kraft und Phantasie!). Sie oder er soll aber auch ein wenig Theorie mitbekommen– denn nur eine gute Theorie zeigt uns, „was dahintersteckt".

Schließlich – und vielleicht ist dies das wichtigste– möge das Buch allen zur Erbauung und zum Trost dienen!

Inhaltlich haben wir uns als Ziel gesteckt, einen wichtigen Primzahltest zu verstehen, wie er von fertigen Computerprogrammen zur Zahlentheorie verwendet wird. Dabei gehen wir nicht immer geradlinig auf das Ziel zu, sondern verweilen gerne am Wegrand, ja nehmen auch Umwege auf uns, wenn wir dort eine bunte Blume zu entdecken meinen. An viel Schönem mussten wir vorübereilen und manch Wichtiges (Überlegungen zur Rechenzeit etwa) achtlos liegen lassen. Aber der Leser weiß ja, der Mensch ist endlich (besonders die Autoren) und muss sich mit dem Unvollkommenen zufriedengeben. Dennoch hoffen wir, der Leser wird sich auf dieser Reise über die vielen schönen Kostbarkeiten von Herzen freuen.

Den einzelnen Abschnitten dieser „Reise" haben wir Zitate aus Sonja Kowalewskajas Jugenderinnerungen vorausgestellt und wir würden uns sehr freuen, möchte unsere Leserin (Leser) am Ende doch mit Sonja ausrufen: „... ungeachtet all der Klagen und des Jammers (ob der Fehler der Verfasser) war die Fahrt doch herrlich" ([Kow68]). Wer sich zu sehr über die Fehler ärgert, möge an das Gebet der heiligen Theresia von Avila denken: „Herr! Lehre mich die wunderbare Weisheit, dass ich mich irren kann".

Viel Vergnügen bei der Arbeit mit diesem Buch wünschen die Verfasser.

Andreas Bartholomé, Josef Rung, Hans Kern

Zur zweiten und dritten Auflage

„...mathematics, from kindergarten onwards should be built around a core that is

- interesting at all levels

- capable of unlimited development

- strongly connected to all parts of mathematics

...Number theory meets these requirements,.......number theory is the best basis for mathematical education..." (J. Stillwell: Number Theory as a Core Mathematical Discipline, in: Proceedings of the ICM, Birkhäuser 1995, p.1559 – 1567).

In diesem Sinne wünschen wir viel Freude bei der Arbeit mit unserm Buch.

Landshut im März 2001, die Autoren.

Inhaltsverzeichnis

1 Vollständige Induktion

„Wir öffnen, eines nach dem anderen, die Äuglein, beeilen uns aber keineswegs, aufzustehen und uns anzukleiden. Zwischen dem Augenblick des Erwachens und dem, da wir uns anziehen müssen, vergeht noch eine lange Zeit...Unsinn schwätzen." ([Kow68], Seite 9)

1.1 Das kleinste Element

Als Gott das Rad der Zeit erschaffen hatte, markierte er zunächst auf einer Geraden einen Punkt mit Namen „Null" oder „Anfang". Gott setzte das Rad in Schwung und gab ihm eine sinnreiche Vorrichtung mit, die nach jeder Umdrehung auf der Geraden eine Markierung hinterließ. Seitdem breitet sich die Zahlengerade aus. Ihr nicht vorhandenes Ende verschwindet im Nebel der Unendlichkeit.

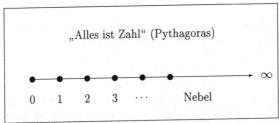

Etwas Langweiligeres als diese sich ins Unendliche ausbreitenden Kilometersteine, wir nennen sie die natürlichen Zahlen, kann es eigentlich nicht geben. Weit gefehlt! Es wäre öde, wenn wir ein alles durchdringendes Auge hätten und ein Hirn, in dem alle Zahlen samt ihren Eigenschaften Platz fänden. So aber kommen der Nebel, die Dunkelheit und die Rätsel. In dieser Menge sind Geheimnisse verborgen, die bis heute ungelöst sind. Immer wieder tauchen auf der Karte des Landes $\mathbb{N} = \{0, 1, 2, 3, 4 \ldots\}$ höhere Gebirge und tiefere Täler auf. Neue Zahlenkontinente erscheinen und ehemals weiße Gebiete erhalten Farbe. Wollen wir diese geheimnisvollen Landschaften erforschen, so müssen wir uns ein paar Grundtatsachen klarmachen.

Das Prinzip vom kleinsten Täter:

Denken wir uns einen Dämon, ausgeschickt mit einem Eimer roter Farbe. Er malt zufällig die Kilometersteine an oder auch nicht. Wir verfolgen ihn. Haben wir genügend Zeit, und hat der Dämon überhaupt etwas angemalt, so werden wir irgendwann auf einen ersten roten Stein treffen. Aber haben wir genügend Zeit? Wir wünschen es uns. Ist also von einer gewissen Eigenschaft, die sinnvollerweise natürliche Zahlen haben können („rot" gehört nicht dazu), die Rede, und gibt es überhaupt Zahlen mit dieser Eigenschaft, dann gibt es auch eine kleinste (den kleinsten Täter). Mathematiker sagen, $\mathbb{N}$ ist wohlgeordnet.

Du wirst zu Unrecht, lieber Leser, denken: Was nützen solch allgemein philosophische Erörterungen beim Lösen einer Aufgabe? Um dazu ein Beispiel zu betrachten, spiegeln wir zunächst die natürlichen Zahlen an dem Nullpunkt und erhalten die Menge der ganzen Zahlen

$$\mathbb{Z} = \{\ldots, -3, -2, -1, 0, 1, 2, 3, \ldots\}.$$

An den Punkten der Zahlengeraden, an denen normalerweise die ganzen Zahlen stehen, sind natürliche Zahlen so hingeschrieben, dass jede Zahl gleich dem arithmetischen Mittel ihrer beiden Nachbarn ist. Wir erinnern uns: Das arithmetische Mittel zweier Zahlen ist $\frac{a+b}{2}$. Beispielsweise könnten endliche Ausschnitte aus unserm Zahlenmuster so: 2 2 2 2 oder so: 6 9 12 15 aussehen. Wie sieht ein mögliches Zahlenmuster für die ganze Zahlengerade aus? Natürlich kannst du solch ein Zahlenmuster herstellen, wenn du an jeden Punkt die gleiche Zahl schreibst. Aber ist es möglich, ein solches Muster mit verschiedenen Zahlen herzustellen? Wir versuchen, das obige (zweite) Muster fortzusetzen. Nach rechts gibt es keine Probleme: 6 9 12 15 18 21..., und es ist klar, wie man fortzufahren hat. Nach links müssten wir auch unendlich weit kommen. Doch hier: ???? 0 3 6 9 müssten wir links von der 0 die −3 (wieder links davon die −6) hinschreiben, und das sind nach unserer Vereinbarung keine natürliche Zahlen.

Analysieren wir, „wo" wir gescheitert sind! Doch offenbar bei den kleinen Zahlen. Aber könnte es nicht einen anderen Anfang geben, so dass wir unser gewünschtes unendliches Muster erhalten? Dazu schauen wir uns den Punkt an, an dem die kleinste natürliche Zahl m (Minimum) steht, sowie seine beiden Nachbarn: $m \leq a$, $m \leq b$. Wäre $m < a$ oder $m < b$, so wäre $2m < a + b$. Andererseits ist $2m = a + b$, da m arithmetisches Mittel von a und b ist. Daher gilt: $m = a = b$. Dann müssen aber auch die Nachbarn von a und b gleich m sein und so fort. Damit ist bewiesen, dass alle natürlichen Zahlen, die wir gemäß unserer Verabredung an die Punkte der Zahlengeraden schreiben wollen, gleich sein müssen.

Die wichtigste Idee in dem Beweis war obiges Prinzip vom kleinsten Element: In jeder nichtleeren Teilmenge der natürlichen Zahlen gibt es eine kleinste Zahl.

Formal können wir dieses wichtige Prinzip so formulieren:

(Kleinstes Element) *Ist $\mathbb{T}$ irgend eine nichtleere Teilmenge von $\mathbb{N}$, dann gibt es eine kleinste Zahl $m \in \mathbb{T}$. Das heißt, für alle $t \in \mathbb{T}$ gilt: $m \leq t$.*

Achtung: Dies bleibt nicht mehr richtig, wenn wir statt $\mathbb{N}$ die Mengen $\mathbb{Q}, \mathbb{R}$ oder $\mathbb{Q}^+$ schreiben.

Noch ein Beispiel: Wir beweisen den bekannten Satz, dass $\sqrt{2}$ keine rationale Zahl ist.

Angenommen, $\sqrt{2}$ wäre eine rationale Zahl, also ein Bruch. Dann gäbe es eine kleinste natürliche Zahl $n > 0$, so dass $n \cdot \sqrt{2}$ eine natürliche Zahl ist. Da $1 < \sqrt{2} < 2$ ist, folgt $n < n \cdot \sqrt{2} < 2n$. Also ist $0 < n \cdot \sqrt{2} - n = n \cdot (\sqrt{2} - 1) < n$. Aber $(n \cdot \sqrt{2} - n)$ ist eine natürliche Zahl und $(n \cdot \sqrt{2} - n) \cdot \sqrt{2} = 2n - n \cdot \sqrt{2}$ ist auch eine natürliche Zahl, im Widerspruch zur Minimalität von n.

Wir wollen diese Eigenschaft benützen, um das Grundanliegen diese Buches zu verdeutlichen:

Satz 1.1.1 *Es gibt nur interessante natürliche Zahlen.*

Beweis: Gäbe es eine uninteressante Zahl, so gäbe es auch eine kleinste. Als solche ist sie natürlich hochinteressant. Das ist aber ein Widerspruch. □

Wer weitere Gründe sucht, warum alle natürlichen Zahlen interessant sind, lese eifrig dieses Buch.

Aufgaben:

1. (a) An den Punkten der Zahlengeraden, an denen normalerweise die ganzen Zahlen stehen (also $\ldots -3, -2, -1, 0, 1, 2, \ldots$), stehen nun irgendwelche ganzen Zahlen. Dabei gilt, dass jede Zahl das arithmetische Mittel ihrer beiden Nachbarn ist. Woran liegt es, dass hier unser oben angegebener Beweis „alle Zahlen sind gleich" nicht funktionieren kann?

   (b) Auf jedem Feld eines unendlich großen karierten Blattes Papier steht eine natürliche Zahl, so dass jede gleich dem arithmetischen Mittel ihrer vier Nachbarn ist. Beweise, dass alle Zahlen gleich sind.

   (c) Auf jedem Feld eines unendlich großen karierten Blattes Papier steht eine ganze Zahl, so dass jede gleich dem arithmetischen Mittel ihrer vier Nachbarn ist. Versuche, die Felder so zu belegen, dass nicht alle Zahlen gleich sind. Gib anschließend auch ein systematisches Verfahren hierzu an. Warum funktioniert hier das Prinzip vom kleinsten Element nicht mehr?

2. Beweise mit dem Prinzip vom kleinsten Element, dass

   (a) $\sqrt{3}$, (b) $\sqrt{5}$, (c) $\sqrt{a}$, wobei a nicht Quadratzahl ist,

   irrational ist.

Die Multiplikation der alten Ägypter und der Computer

Die alten Ägypter waren keine besonders guten Mathematiker – jedenfalls im Vergleich zu den Babyloniern. Aber multiplizieren mussten sie dennoch, obwohl sie nur addieren konnten. Sie ersannen folgende raffinierte Methode. Wir wollen sie zunächst an einem Beispiel erklären. Es soll die Aufgabe $13 \cdot 21$ gelöst werden. Auf einem Papyrus fand man nun folgende Liste.

$prod$	x	y	$prod + x \cdot y$
0	13	21	?
13	13	20	?
13	26	10	?
13	52	5	?
65	52	4	?
65	104	2	?
65	208	1	?
273	208	0	?
<u>273</u>			

Bevor du nun weiterliest, lieber Leser, versuche selbständig herauszubringen, wie der ägyptische Schuljunge gerechnet hat. Es sieht sehr kompliziert aus. Vertiefe dich etwas in die drei linken Spalten und du wirst sicher bald mit dem Verfahren eine selbstgestellte Aufgabe lösen können. (Etwa $21 \cdot 13$)

Hier das Verfahren:

1. Zunächst werden in die Spalten x, y die beiden Faktoren geschrieben. In die Spalte $prod$ schrieb der Ägypter die Zahl 0.

2. Ist y ungerade, so wird zu $prod$ der Wert von x addiert und der Wert von y um 1 erniedrigt. x wird beibehalten.

3. Ist y gerade, so wird x mit 2 multipliziert und y durch 2 dividiert.

4. Das Verfahren wird so lange durchgeführt, bis sich $y = 0$ ergibt. In der Spalte $prod$ wird dann das Ergebnis abgelesen.

Woher wissen wir, ob die Ägypter stets zum richtigen Ergebnis kamen? Dazu füllt man (auf einem Blatt Papier) die rechte Spalte mit den Fragezeichen gemäß der Anweisung $prod + x \cdot y$ aus und erkennt: $0 + 13 \cdot 21 = 13 + 13 \cdot 20 = 13 + 26 \cdot 10 = \ldots = 273 + 208 \cdot 0$, das Ergebnis. Für den Anfänger mag dies als „Beweis" – oder sagen wir besser als Plausibilitätsbetrachtung genügen. Manch einen wird vielleicht doch interessieren, wie man den Beweis logisch sauber, „hygienisch rein", aufschreibt. Auch wer an dieser Art von Beweisführung wenig Interesse zeigt, sollte ihn irgendwann mal schon deshalb lesen, weil das Prinzip vom kleinsten Element wieder Verwendung findet.

Wir besinnen uns auf die kennzeichnenden Eigenschaften des ägyptischen Rechenverfahrens. Das Ergebnis der ägyptischen Multiplikation bezeichnen wir wie im Pascal Programm mit: $aemul(a, b)$. Dann gilt:

• $aemul(a, 0) = 0$ für alle $a \in \mathbb{N}$.

• Ist b eine ungerade Zahl, so ist $aemul(a, b) := aemul(a, b - 1) + a$.

- Ist b eine gerade Zahl, so ist $aemul(a, b) := aemul(a \cdot 2, b/2)$.

Dadurch ist für alle $b \in \mathbb{N}$ $aemul(a, b)$ erklärt. Es ist für alle $a \in \mathbb{N}$ $aemul(a, 1) = a \cdot 1 = a$. Angenommen, es gäbe irgend eine natürliche Zahl b, bei der die Ägypter ein anderes Multiplikationsergebnis berechnen als wir. Dann gibt es auch eine kleinste Zahl $b > 0$.

1. Fall: b ist ungerade. Dann ist $aemul(a, b) = aemul(a, b - 1) + a = a \cdot (b - 1) + a = a \cdot b$. Es ist ja $(b - 1) < b$.

2. Fall: b ist gerade. Dann ist $aemul(a, b) = aemul(a \cdot 2, b/2) = a \cdot 2 \cdot (b/2) = a \cdot b$. Wieder ist $b/2 < b$.

Also erhalten die Ägypter für alle Zahlen das gleiche Ergebnis wie wir.

übersetzen wir das Verfahren in ein Pascalprogramm, so erhalten wir Folgendes. Wir vereinbaren dazu einen Datentype Datentyp zahl.

Probelauf

```
program multiplizieren;
type zahl = longint;
function aemul (x,y :
longint):longint;
var prod : zahl;
begin
  prod:=0;
  while y>0 do
  begin
    if (not (odd(y))) then
    begin
x:=2×x; y:=y div 2;
    end
    else begin
prod:=prod+x; y:=y−1;
    end;
  end;
  aemul:=prod;
end; { aemul }
begin
  writeln(aemul(133,212));
end.
```

0	133	212
0	266	106
0	532	53
532	532	52
532	1064	26
532	2128	13
2660	2128	12
2660	4256	6
2660	8512	3
11172	8512	2
11172	17024	1
28196	17024	0

Diese Methode ist von prinzipiellem Interesse, da Computer sehr schnell verdoppeln und addieren können. Da sind sie Spezialisten. Wir werden in den Übungen die gleiche Methode anwenden, um ein sehr schnelles Verfahren zur Potenzierung einer natürlichen Zahl mit einer natürlichen Zahl zu erhalten.

Aufgaben:

3. Berechne mit der „ägyptischen Multiplikation":

    (a) $32 \cdot 31$,   (b) $31 \cdot 32$,   (c) 17^2,   (d) $111 \cdot 1231$.

4. Schreibe ein Programm, welches folgendes leistet: Es berechnet für drei Zahlen a, b, c den Ausdruck $a + b \cdot c$. Verwende die gleiche Methode wie bei aemul. Nenne die Funktion **russ(a, b, c : zahl) : zahl**.

5. **function aepot(a,b:zahl):zahl;**

    Ersetzen wir im ägyptischen Multiplikationsalgorithmus Verdoppeln durch Quadrieren, Addieren durch Multiplizieren und 0 durch 1, so erhalten wir eine computergeeignete Möglichkeit, schnell zu potenzieren. Berechne mit dieser Methode

    (a) $x^y = 3^7$. Berechne ebenso 7^3 und 4^{18}.

    (b) Schreibe ein Programm und teste es.

    (c) Versuche einen exakten Beweis für die Richtigkeit des Verfahrens.

1.2   Das Prinzip vom Maximum

Bei den folgenden Aufgaben nutze man die nahezu selbstverständliche Tatsache, dass es in einer *endlichen* Menge von (reellen) Zahlen eine größte (und eine kleinste) gibt.
(Prinzip vom Maximum) *In jeder endlichen Menge reeller Zahlen gibt es eine größte Zahl.*

Aufgaben:

6. (a) Sieben Schüler haben zusammen 100 Münzen. Keine zwei haben gleich viele Münzen. Zeige, dass es drei Schüler gibt, die zusammen mindestens 50 Münzen haben.

   (b) In jedem konvexen Fünfeck kann man drei Diagonalen so auswählen, dass man aus ihnen ein Dreieck konstruieren kann.

   (c) (Bundeswettbewerb Mathematik 1970/71) Von fünf beliebigen Strecken wird lediglich vorausgesetzt, dass man je drei von ihnen zu Seiten eines Dreiecks machen kann. Es ist nachzuweisen, dass mindestens eines der Dreiecke spitzwinklig ist. (Anleitung: Es sei $a \geq b \geq c \geq d \geq e > 0$. Führe die Annahme, dass die Dreiecke (a, b, c) und (c, d, e) nicht spitzwinklig sind, mittels des „verallgemeinerten Pythagoras" $a^2 \geq b^2 + c^2$ usw. zu einem Widerspruch zur Dreiecksungleichung.)

   (d) Jemand schrieb auf die sechs Flächen eines Würfels je eine reelle Zahl, wobei sich unter diesen sechs Zahlen die 0 und die 1 befanden. Danach ersetzte er jede dieser sechs Zahlen durch das arithmetische Mittel der vier Zahlen, die zuvor auf den vier benachbarten Flächen gestanden hatten. (Dabei merkte er sich jede alte zu ersetzende Zahl so lange, wie sie noch zur Mittelbildung für die Zahlen ihrer Nachbarflächen herangezogen werden musste.) Mit den sechs so entstandenen neuen Zahlen wiederholte er diese Operation. Insgesamt führte er sie fünfundzwanzigmal durch. Zum Schluss stellte er fest , dass auf jeder Fläche wieder die gleiche Zahl wie ganz am Anfang stand. Konnte er dieses Ergebnis bei richtiger Rechnung erhalten?

   (Anleitung: Man denke sich die durch die beschriebenen Operationen neu entstandenen Zahlen jeweils auf einen neuen Würfel geschrieben. Auf diese Weise erhält man 26 Würfel mit Zahlen beschrieben. Die größte Zahl auf dem i-ten Würfel sei m_i $(i = 1, \ldots, 26)$. Folgere $m_1 = m_2 = \ldots = m_{26}$ und betrachte dann den dritten Würfel. Auf wie vielen Flächen (mindestens) des zweiten Würfels hätte dann m_1 gestanden? Und wieso hätte dann auf allen sechs Flächen des ersten Würfels dieselbe Zahl gestanden? Widerspruch?!)

1.3   Das Induktionsprinzip

Viel Erstaunliches gibt es über die Welt der natürlichen Zahlen zu berichten. Betrachten wir zum Beispiel

$$1 = 1^2; \quad 1 + 3 = 2^2; \quad 1 + 3 + 5 = 3^2.$$

Wir sind mutig und vermuten:

$$(*) \quad 1 + 3 + 5 + \ldots (2n - 1) = n^2.$$

Ziehen wir zum Beweis das Prinzip vom kleinsten Täter zu Rate. Wir betrachten die „Ungültigkeitsmenge"

$$\mathbb{U} = \{n \in \mathbb{N}| \text{ obige Formel gilt nicht für } n\}.$$

Gibt es überhaupt eine Zahl, für die unsere Behauptung nicht gilt, so ist $\mathbb{U}$ nicht leer. Also enthält $\mathbb{U}$ ein kleinstes Element m. Es muss $m > 1$ sein. Für $m - 1$ gilt die Formel. Also:

$$\begin{aligned}
1 + 3 + \ldots + (2 \cdot (m - 1) - 1) &= (m - 1)^2. & | + (2m - 1) \\
1 + 3 \ldots + (2m - 1) &= (m - 1)^2 + 2m - 1 &= m^2.
\end{aligned}$$

Also erfüllt auch m die Gleichung. Das ist aber ein Widerspruch. m ist ja die kleinste Zahl, für die die Gleichung falsch ist. Also ist $\mathbb{U} = \{\}$ und damit ist der Gültigkeitsbereich unserer Formel $\mathbb{N}$.

Wir wollen fürs erste diesen Beweis vergessen und uns dem Problem noch einmal nähern. Natürlicher ist es, den Gültigkeitsbereich $\mathbb{G}$ einer Formel zu betrachten. Das entspricht mehr dem probierenden Vorgehen. Wir haben durch Rechnen nachgewiesen: 1, 2, 3, 4 $\in \mathbb{G}$ und daraufhin unsere Vermutung ausgesprochen. Auch die 0 gehört zum Gültigkeitsbereich. Denn addiere ich überhaupt keine Zahlen, so erhalte ich 0. Ähnlich einem Physiker, der 5 Messungen macht und dann ein Naturgesetz vermutet. Vorsicht sollte uns folgende Geschichte lehren, die der Mathematiker Ernst Eduard Kummer (1810 - 1893) in seiner Vorlesung zur Zahlentheorie erzählte:

„Meine Herren, 120 ist teilbar durch 1, 2, 3, 4 und 5; jetzt werde ich aufmerksam, ob 120 nicht durch alle Zahlen teilbar ist. Ich probiere weiter und finde, sie ist auch durch 6 teilbar; um nun ganz sicher zu gehen, versuche ich's noch mit 8, mit der 10, mit der 12, mit der 15, und schließlich auch mit 20 und 24.... Wenn ich jetzt Physiker bin, dann sage ich: Es ist sicher, dass 120 durch alle Zahlen teilbar ist."

Wir sind also sehr kritisch. Wir beauftragen einen Supercomputer, uns möglichst viele Beispiele zu berechnen. Aber irgendwann wird der beste Computer auf eine Grenzzahl g stoßen. Jenseits dieser Zahl ist ihm das Rechnen unmöglich, einfach weil größere Zahlen nicht mehr in seinen Speicher passen. Wir gehen noch einen entscheidenden Schritt weiter. Angenommen, unser Computer hat die Gleichung für g bestätigt. Also

$$\begin{aligned}
1 + 3 + \ldots + (2 \cdot g - 1) &= g^2 & | + (2g + 1) \\
1 + 3 + \ldots + [2 \cdot (g + 1) - 1] &= (g + 1)^2.
\end{aligned}$$

Schauen wir uns die letzten beiden Zeilen genauer an, so stellen wir fest: Wir haben eine besondere Eigenschaft des Gültigkeitsbereiches unserer Formel gezeigt. Immer wenn eine Zahl $g \in \mathbb{G}$ ist, so ist auch $g + 1 \in \mathbb{G}$. Wir können durch Weiterzählen $\mathbb{G}$ nicht verlassen. Außerdem ist $0 \in \mathbb{G}$. Wenn wir also von 0 aus in alle Ewigkeit loszählen, verlassen wir niemals den Gültigkeitbereich unserer Formel. $\mathbb{N}$ besteht aber gerade aus allen „erzählbaren" Zahlen. Es ist also $\mathbb{G} = \mathbb{N}$.

Wir wollen das gerade verwendete Prinzip als Axiom festhalten. Um es knapper zu formulieren, zunächst eine Definition:

Definition 1.1 $\mathbb{T} \subset \mathbb{N}$ heißt induktiv genau dann, wenn für alle $t \in \mathbb{T}$ auch $t + 1 \in \mathbb{T}$ ist.

Mache dir klar, lieber Leser: Die leere Menge ist auch induktiv.

(Induktion) *Für jede induktive Teilmenge* $\mathbb{T} \subset \mathbb{N}$ *gilt: Ist eine Zahl* $a \in \mathbb{T}$, *so sind alle Zahlen* $b \geq a$ *in* $\mathbb{T}$.

Aus diesem Induktionsprinzip ergibt sich nun folgende Beweismethode, wenn wir die Gültigkeit einer Aussage $A(n)$ für alle Zahlen ab einem gewissen $a \in \mathbb{N}$ zeigen wollen.

1. *Induktionsanfang:*

   Wir zeigen, die Aussage ist für a richtig.

2. *Induktionsschritt:*

   Wir zeigen: Der Gültigkeitsbereich unserer Aussage ist induktiv, also gegenüber Nachfolgern abgeschlossen.

Sind 1. und 2. bewiesen, so kann geschlossen werden: $A(n)$ ist richtig für alle $n \geq a$.

Wir führen jetzt noch ein Beispiel zur vollständigen Induktion vor, an dem wir aber gleich ein wenig mehr lernen wollen.

Wir wollen beweisen, dass

$$\frac{1}{1 \cdot 3} + \frac{1}{3 \cdot 5} + \ldots + \frac{1}{(2n-1) \cdot (2n+1)} < \frac{1}{2}.$$

Wir starten ganz naiv (wie etwa vorher) einen „Induktionsversuch".

Induktionsanfang: Es ist $\frac{1}{3} < \frac{1}{2}$.

Induktionsschritt: Schluss von k auf $k+1$:

Wir gehen aus von:

$$\frac{1}{1 \cdot 3} + \frac{1}{3 \cdot 5} + \ldots + \frac{1}{(2k-1) \cdot (2k+1)} < \frac{1}{2}.$$

Wir addieren auf beiden Seiten der Induktionsannahme $\frac{1}{(2k+1) \cdot (2k+3)}$, so dass links das Gewünschte steht, und erhalten jedoch auf der rechten Seite $\frac{1}{2} + \frac{1}{(2k+1) \cdot (2k+3)}$, was leider nicht kleiner, sondern stets größer als $\frac{1}{2}$ ist. Der Induktionsschritt ist also missglückt!

Was ist los? Ist die Ungleichung etwa falsch? Möglich, aber sicher ist das keineswegs! Wir können nur sagen, dass unsere Beweisstrategie missglückt ist.

Wir müssen uns was Neues einfallen lassen. Dazu rechnen wir einmal für einige $n (= 1, 2, 3, 4 \ldots)$ den Unterschied der linken Seite zur rechten ($\frac{1}{2}$) aus. Dabei ergibt sich der Reihe nach $\frac{1}{2 \cdot 3}, \frac{1}{2 \cdot 5}, \frac{1}{2 \cdot 7}$, usw., so dass wir schließlich vermuten:

$$\frac{1}{1 \cdot 3} + \frac{1}{3 \cdot 5} + \ldots + \frac{1}{(2n-1) \cdot (2n+1)} = \frac{1}{2} - \frac{1}{2 \cdot (2n+1)} < \frac{1}{2}.$$

Wir wollen versuchen, die Gleichung per Induktion zu beweisen:

Induktionsanfang $n = 1$: die Richtigkeit wurde bereits nachgerechnet.

Induktionsschritt: Man addiert zur links und rechts $\frac{1}{(2n+1) \cdot (2n+3)}$ und erhält links den gewünschten Term und rechts nach Zusammenfassen (führe die Einzelheiten selber aus!) $\frac{1}{2} - \frac{1}{2 \cdot (2n+3)}$, was zu beweisen war.

In diesem Beispiel haben wir etwas mehr gelernt als nur die Technik der vollständigen Induktion. Die Aufgabe zeigt nämlich, dass es leichter sein kann, eine schärfere Aussage (hier: eine Gleichung) zu beweisen als eine schwächere (eine Ungleichung). Der ungarische Mathematiker Polya nennt dies das „Paradoxon des Erfinders". Wir müssen in der Tat also zuerst etwas erfinden oder erraten, um es dann bequemer zu haben beim Beweisen. Und noch etwas: Raten ist sehr wichtig in der Mathematik!

Aufgaben:

7. Beweise durch vollständige Induktion:

   (a) $1 \cdot 1! + 2 \cdot 2! + 3 \cdot 3! + \ldots + n \cdot n! = (n+1)! - 1$. Dabei bedeutet $n!$ (lies: „n Fakultät") das Produkt der ersten n natürlichen Zahlen. (also etwa $1! = 1$, $2! = 2$, $3! = 6$, $4! = 24$, usw).

   (b) $1 + 2 + 3 + \ldots + n = \dfrac{n \cdot (n+1)}{2}$.

   (c) $1^1 \cdot 2^2 \cdot 3^3 \cdot \ldots \cdot n^n \leq n^{\frac{n(n+1)}{2}}$.

8. (a) Zeige: Das Polynom $f(x) = \dfrac{1}{2} \cdot x \cdot (x+1)$ erfüllt für alle $x \in \mathbb{R}$ die Bedingung: $f(x+1) = f(x) + (x+1)$.

   (b) Zeige: Es gibt ein Polynom dritten Grades mit der folgenden Eigenschaft: $f(0) = 0$ und $f(x+1) = f(x) + (x+1)^2$.

   (c) Errate eine Formel für $1 + 2^3 + 3^3 + \ldots + n^3$ und beweise sie.

   (d) Errate eine Formel für $1 + 2^4 + 3^4 + \ldots + n^4$ und beweise sie.

9. Wir sagen: Eine Eigenschaft gilt für fast alle natürlichen Zahlen, wenn sie für höchstens endlich viele natürlichen Zahlen nicht gilt.

   (a) Zeige: Für fast alle $n \in \mathbb{N}$ ist $2^n > 5n + 10$.

   (b) Für fast alle $n \in \mathbb{N}$ ist $2^n > n^2$.

   (c) Für fast alle $n \in \mathbb{N}$ ist $2^n > n^2 + n$.

   (d) Für fast alle $n \in \mathbb{N}$ ist $2^n > n^3$.

   (e) Für fast alle $n \in \mathbb{N}$ ist $2^n > n^4$.

   (f) Ist k eine feste natürliche Zahl, so ist $2^n > n^k$ für fast alle $n \in \mathbb{N}$.

10. Beweise: n Geraden zerlegen die Ebene in höchstens $\frac{n(n+1)}{2} + 1$ Teile.

11. Beweise:

    (a) Die Summe der ersten n dritten Potenzen ist stets eine Quadratzahl.

    (b) Für alle x mit $0 < x < 1$ und alle n ist $1 + x + x^2 + \ldots + x^n < \frac{1}{1-x}$.

12. Satz: n beliebige Mädchen haben die gleiche Augenfarbe. (Also, alle Mädchen haben die gleiche Augenfarbe)

Beweis: Durch Induktion nach n: Für $n = 1$ ist die Behauptung klar. Den Schluss von n auf $n + 1$ führe ich für $n = 3$ vor. Zu zeigen ist, dass die vier Mädchen Anna, Berta, Charlotte und Doris (A, B, C, D) gleiche Augenfarbe haben. Nach Induktionsannahme $n = 3$ haben A, B und C, aber auch B, C und D die gleiche Augenfarbe. Damit haben alle untereinander die gleiche Augenfarbe. Wo steckt der Fehler? Untersuche die Frage zunächst experimentell.

Für die folgenden Aufgaben, aber auch im Hinblick auf die weiteren Kapitel, wollen wir an ein paar Selbstverständlichkeiten erinnern.

Definition 1.2 a und b sind natürliche Zahlen. Wir sagen, a teilt b (und schreiben manchmal $a|b$) genau dann, wenn b ein Vielfaches von a ist. Das heißt, es gibt ein $c \in \mathbb{N}$ mit $b = c \cdot a$.

Satz 1.3.1 (Eigenschaften der Teilbarkeitsbeziehung) *Es gilt:*

1. *1 teilt jede natürliche Zahl.*

2. *Jede natürliche Zahl teilt 0.*

3. *Jede natürliche Zahl teilt sich selber. Ferner: Falls $a|b$ und $b|c$, dann auch $a|c$.*

4. *Für jedes $r, a, b \in \mathbb{N}$ gilt: $r|a$ und $r|b$, dann $r|(a + b)$.*

5. *Für jedes $r, a, c \in \mathbb{N}$ gilt: $r|a$, dann auch $r|(ac)$.*

Alle diese Eigenschaften liegen auf der Hand. Sie gelten auch für die Menge der ganzen Zahlen $\mathbb{Z} = \{\ldots, -2, -1, 0, 1, 2, \ldots\}$

Eine ganze Zahl heißt *gerade*, wenn sie durch 2 teilbar ist, also wenn sie von der Form $2 \cdot j$ ist. Jede ungerade Zahl ist von der Form $2 \cdot k + 1 \quad (j, k \in \mathbb{N})$.

Aufgaben:

13. (a) Wie viele gerade (ungerade) Zahlen zwischen 1 und 1000 einschließlich (zwischen 1 und n, Fallunterscheidung!) gibt es?

    (b) Wie viele durch 3 teilbare und wie viele durch 5 teilbare Zahlen gibt es zwischen 1 und 1000 (100000 und 1000000)?

14. Beweise, dass die Summe der ersten n natürlichen Zahlen durch $\frac{1}{2}n$ oder durch n teilbar ist.

15. *Quersummenregeln* (Diese werden auch später in Zusammenhang mit Stellenwertsystemen noch einmal angesprochen. Erinnern wir uns schon jetzt daran.)

   (a) Sicher kennst du bereits aus den Anfangsjahren des Gymnasiums die Quersummenregel für die Division durch 3 und durch 9. Formuliere und beweise sie noch einmal.

   (Hinweis: $(10^n a_n + 10^{n-1} a_{n-1} + \ldots + 10 a_1 + a_0) - (a_n + a_{n-1} + \ldots + a_1 + a_0)$ ist durch 9 (3) teilbar.)

   (b) Von einem Vielfachen von 9 nimmt man die Quersumme, davon wieder die Quersumme und so fort, solange bis eine einstellige Zahl übrig bleibt. Welche Zahl ist das? Diese „letzte Quersumme" heißt auch Ziffernwurzel oder (im Zehnersystem) digitale Wurzel.

16. (Nach M. Gardner, Mathemagische Tricks) Ein Zauberer fordert einen Zuschauer auf, in der einen Hand einen Pfennig, in der anderen ein Zehnpfennigstück zu halten. Dann fordert der Zauberer den Zuschauer auf, den Wert der Münze in seiner rechten Hand mit acht und den in der linken mit fünf zu multiplizieren. Dann soll er die Ergebnisse addieren und dem Zauberer mitteilen, ob die Summe gerade ist oder ungerade. Dieser kann jetzt sagen, in welcher Hand sich welche Münze befindet. Erkläre diesen kleinen Trick.

17. Martina will ihre Schallplatten in Pakete verpacken, von denen jedes die gleiche Anzahl Platten enthalten soll. Nach mehreren Versuchen stellt sie fest, dass es dafür zwölf verschiedene Möglichkeiten gibt. Wie viele Schallplatten hat Martina mindestens?

18. (a) Aus den Zahlen von 1 bis 100 werden 51 aufeinander folgende ausgewählt. Beweise, dass unter ihnen zwei sind, von denen die eine doppelt so groß ist wie die andere. Verallgemeinere.

   (b) Die folgende Aufgabe ist nicht mehr schwer, wenn man eine Idee hat! Von den ersten 200 natürlichen Zahlen werden 101 beliebig ausgewählt. Beweise, dass es unter den ausgewählten Zahlen stets ein Paar gibt, so dass die eine durch die andere Zahl teilbar ist. (Bleibt die Aufgabe auch dann richtig, wenn man 101 durch 100 ersetzt?)

Die folgenden Aufgaben wollen wir durch eine Musteraufgabe samt Lösung vorbereiten:

Frage: Welche Zahlen der Form $2^n - 1$ sind durch 5 teilbar?

Die Antwort wird man zunächst durch Probieren finden. (Probieren ist in der Mathematik und insbesondere in der Zahlentheorie sehr wichtig!). Man beginnt mit $n = 0, 1, 2, \ldots$: 5 ist kein Teiler von $2^0 - 1 = 0$, $2^1 - 1 = 1$, $2^2 - 1 = 3$, $2^3 - 1 = 7$, $2^5 - 1$, $2^6 - 1$, $2^7 - 1$, ???, aber: 5 ist Teiler von $2^4 - 1 = 15$, $2^8 - 1 = 255$, (rechne selber weiter).

Wir vermuten: Wenn n Vielfaches von 4 ist (also $n = 4k, k \in \mathbb{N}$), dann ist 5 Teiler von $2^n - 1$. Wir beweisen jetzt durch Induktion („nach k"), dass $2^{4k} - 1 = 16^k - 1$ Vielfaches von 5 ist.

Induktionsanfang: $16^0 - 1 = 0$ ist Vielfaches von 5.

Induktionsschritt: Es ist $16^{k+1} - 1 = 16 \cdot 16^k - 1 = 15 \cdot 16^k + (16^k - 1)$. Der erste Summand ist durch 5 teilbar. Der zweite ist nach Induktionsannahme durch 5 teilbar, womit die ganze Summe ein Vielfaches von 5 ist.

Aber Vorsicht - noch dürfen wir uns nicht ausruhen! Die Frage muss präziser in der Weise beantwortet werden, dass $2^n - 1$ genau dann durch 5 teilbar ist, wenn $n = 4k$ ist. Also wäre noch zu beweisen: Ist $n = 4k + i$ mit $i = 1, 2, 3$, dann ist 5 kein Teiler von $2^n - 1$. In dieser Form ist ein Beweisversuch mit Induktion ziemlich aussichtslos. Hier hilft das „Paradoxon des Erfinders" weiter. Wir zeigen günstigerweise mehr: 5 teilt $2^{4k+1} - 2$, $2^{4k+2} - 4$, $2^{4k+3} - 3$. Ist das nämlich gezeigt, dann kann beispielsweise 5 kein Teiler von $2^{4k+1} - 1$ sein (für kein k), denn andernfalls wäre 5 ein Teiler von $(2^{4k+1} - 1) - (2^{4k+1} - 2) = 1$, und das ist falsch.

Aufgaben:

19. Beweise (siehe die Erläuterungen im Text): 5 teilt

    (a) $2^{4k+1} - 2$, (b) $2^{4k+2} - 4$, (c) $2^{4k+3} - 3$.

20. (a) Welche Zahlen der Form $2^n - 1$ sind teilbar durch i) 3, ii) 7, iii) 11?

    (b) Welche Zahlen der Form $2^n + 1$ sind durch 3 (5, 7, 11) teilbar? Berechne den Quotienten und schreibe ihn als Summe von Zweierpotenzen.

    (c) Welche Zahlen der Form $2^n - 1$ sind durch $3^2, 3^3, 3^4$ teilbar? Ist eine Regel für Teiler 3^k erkennbar?

Die folgenden Aufgaben beschäftigen sich viel mit der Zahl Zwei.

Aufgaben:

21. *Yin und Yang*

    Mache dir die Bedeutung der folgenden Tabelle klar. Dabei steht g für gerade und u für ungerade.

+	u	g		·	u	g
u	g	u		u	u	g
g	u	g		g	g	g

    Mache dir auch klar, dass aus der Tabelle folgt: Ist das Produkt zweier Zahlen eine Zweierpotenz, so ist jeder Faktor eine Zweierpotenz.

22. (a) An einer Tafel stehen die natürlichen Zahlen von 1 bis 1993. Man darf irgend zwei Zahlen wegwischen und dafür ihre Summe hinschreiben. Wiederholt man diesen Vorgang genügend oft, so bleibt schließlich nur noch eine Zahl stehen. Wie heißt diese?

    (b) (Vgl. Bundeswettbewerb Mathematik 1970/71, 1. Runde) Wie (a), allerdings wird jetzt die Differenz der beiden weggewischten Zahlen hingeschrieben. Es ist nachzuweisen, dass die verbleibende Zahl ungerade ist.

Die folgenden Aufgaben sind schon etwas umfangreicher; gelegentlich benötigen wir das ziemlich offensichtliche (und später erst zu verallgemeinernde) Ergebnis der Aufgabe 21.

23. *Summen aufeinanderfolgender natürlicher Zahlen*

    Die folgenden Fragen und Aufgaben löse man am besten der Reihe nach. Aufgabe 23f) stellt den Höhepunkt dar. 23g) regt zum Weiterdenken an.

    (a) Welche Zahlen sind Summe von zwei aufeinander folgenden (natürlichen) Zahlen?

    (b) Beweise, dass – außer 3 selber – jedes Vielfache von 3 Summe von drei aufeinander folgenden Zahlen ist.

    (c) Weise nach, dass alle Zahlen der Form $4m+2$ ($m = 2, 3, 4, \ldots$) Summe von vier aufeinander folgenden Zahlen sind.

    (d) Jetzt sei k irgend eine fest gewählte natürliche Zahl. Welche Zahlen sind Summe von k aufeinanderfolgenden Zahlen? (Untersuche selbst Beispiele etwa für $k = 10, 11, 100$).

    (e) Kann man die Zahlen $1993, 1992, 512$ als Summe von mindestens zwei aufeinanderfolgenden Zahlen darstellen?

(f) Welche Zahlen sind Summen aufeinanderfolgender natürlicher Zahlen?

(g) Wie viele Möglichkeiten gibt es, $2 \cdot 3^n$ $(n = 1, 2, 3, \ldots)$ als Summe von mindestens zwei aufeinander folgenden Zahlen zu schreiben?

24. *Differenz von Quadratzahlen*

(a) Ist 2 die Differenz zweier Quadratzahlen?

(b) Sind 1984, 2001, 2002 die Differenzen zweier Quadratzahlen?

(c) Gib alle Lösungen der Gleichung $1993 = a^2 - b^2$ an.

(d) Löse allgemein: Welche Zahlen sind Differenz zweier Quadratzahlen?

(e) Schreibe ein Programm, welches zu einer gegebenen Zahl alle Möglichkeiten aufzählt, sie als Differenz zweier Quadratzahlen zu schreiben.

(f) Welche Zahlen sind Summe aufeinanderfolgender ungerader Zahlen?

(g) Es seien a, b natürliche Zahlen. Ist $a \cdot b$ gerade, dann gibt es natürliche Zahlen c und d mit $a^2 + b^2 + c^2 = d^2$. Ist dagegen $a \cdot b$ ungerade, so gibt es keine solche Zahlen c und d. (BWM 1984, 1.Runde, Aufgabe 3)

(h) Es sei g eine Gerade und n eine vorgegebene natürliche Zahl. Man beweise, dass sich stets n verschiedene Punkte auf g sowie ein nicht auf g liegender Punkt derart wählen lassen, dass die Entfernung je zweier dieser $n + 1$ Punkte ganzzahlig ist.

25. Beweise: Für alle reellen Zahlen x ist $(1 + x + x^2 + x^3 + \ldots x^n) \cdot (x - 1) = x^{n+1} - 1$.

Auch die nächste Aufgabenserie bereiten wir durch eine Musterlösung vor:

26. Zeige: $1 + 2 + 2^2 + \ldots + 2^n$ ist für kein $n \geq 1 \in \mathbb{N}$ eine Quadratzahl.

Lösung: Nehmen wir das Gegenteil an. Dann wäre $2(1 + 2^1 + 2^2 + \ldots + 2^{n-1}) = x^2 - 1 = (x - 1)(x + 1)$. Falls x gerade ist, so wäre die rechte Seite ungerade im Widerspruch zur Parität („gerade") der linken Seite. Falls x ungerade ist, so wäre die rechte Seite von der Form $4ab$. Dividiert man beide Seiten durch 2, erhält man ebenfalls den Widerspruch „gerade = ungerade" (siehe Aufgabe 21).

Aufgaben:

27. (a) Zeige: $1 + 4 + 4^2 + \ldots 4^n$ ist für $n \geq 1$ niemals Quadratzahl.

    (b) Zeige: Eine Zahl der Form $11, 111, 1111, 11111, \ldots$, eine sogenannte Repunit, ist niemals Quadratzahl.

    (c) Zeige: Keine Zahl der Form $101, 10101, 1010101 \ldots$ ist Quadratzahl.

    (d) Schwieriger scheint die Frage zu sein: Gibt es natürliche Zahlen so, dass $1 + 3 + 3^2 + \ldots + 3^n = y^2$ ist? Tatsächlich erfüllen $n = 0$ und $n = 1$ und $n = 4$ die Bedingung. Denn $1 + 3 + 3^2 + 3^3 + 3^4 = 11^2$. Schreibe ein Programm, welches nach solchen n sucht. Wer kennt eine allgemeine Lösung?

    (e) Bestimme alle Möglichkeiten so, dass $2^n + 1$ die Potenz einer natürlichen Zahl ist.

28. (a) Wie viele Quadratzahlen der Form $4a + 1$ gibt es von 1 bis 10^{20}?

    (b) Wieviel Quadratzahlen der Form $\ldots 89$ gibt es von 1 bis 10^{20}

    (c) $22 \ldots 21$ ist niemals Quadratzahl.

    (d) Bestimme alle Zahlen, die Quadratzahlen sind, und deren Ziffern bis auf die zweitletzte lauter 5er sind.

Die folgenden Aufgaben beschäftigen sich tiefer mit einer Frage. Sie bilden ein Projekt, das deine Arbeitskraft sicher einige Zeit (Tage, Wochen) in Anspruch nimmt. Man könnte dem Projekt den Titel „Fastgleichschenklige pythagoreische Dreiecke" geben. Was das für Dreiecke sind, wirst du auch in den folgenden Aufgaben lernen.

Die Physiker sind gern bereit, die Wirklichkeit zu quanteln. Sie teilen fast jede Größe in sogenannte Elementargrößen auf. Wir brauchen nur an Elementarladungen oder Energiequanten etc. zu denken. Wir nehmen also an, dass es in unserm Universum eine kleinstmögliche Distanz zweier Raumpunkte gibt. Alle anderen möglichen Abstände zweier Raumpunkte sind Vielfache dieser Elementardistanz. Gibt es in diesem Universum drei Raumpunkte, die ein gleichschenklig rechtwinkliges Dreieck bilden? Sehr schnell wirst du merken, dass es solche Dreiecke nicht gibt. Gibt es nicht wenigstens Dreiecke, bei denen die Summe der Seitenquadrate etwas zu klein ist, sozusagen fast rechtwinklige gleichschenklige Dreiecke. Wir betrachten dazu die Gleichung:

$$(*) \quad Y^2 + Y^2 + 1 = X^2 \quad \text{oder} \quad X^2 - 2Y^2 = 1.$$

Vielleicht gibt es wenigstens für sie Lösungen. Ein Paar natürlicher Zahlen (a, b) heißt Lösung der Gleichung, wenn $a^2 - 2b^2 = 1$ ist. Beispielsweise ist das Zahlenpaar $(3, 2)$ eine Lösung, oder auch $(1, 0)$.

29. (a) Schreibe ein Programm, welches Lösungen zu Gleichung (*) sucht.

    (b) (a, b) sei ein Lösungspaar natürlicher Zahlen. Außerdem sei
    $$(a + b\sqrt{2}) \cdot (3 + 2\sqrt{2}) = x + y\sqrt{2}.$$
    Zeige: Dann ist auch (x, y) ein Lösungspaar.

    (c) Zeige: Sind (a, b) und (c, d) zwei Lösungspaare und ist
    $$(a + b\sqrt{2}) \cdot (c + d\sqrt{2}) = x + y\sqrt{2}$$
    mit x, y aus $\mathbb{N}$, so ist auch (x, y) ein Lösungspaar.

    (d) Die kleinste Zahl $x + y\sqrt{2}$ ($x, y \in \mathbb{N} \backslash \{0\}$ so, dass (x, y) ein Lösungspaar ist, ist $(3, 2)$. Wir erklären:
    $$(x_n + y_n\sqrt{2}) := (3 + 2\sqrt{2})^n.$$
    Dabei sind x_n und y_n ganze Zahlen. Erstelle ein Programm, um x_n, y_n zu berechnen. Beachte insbesondere, dass x_n/y_n bombige Annäherungen an $\sqrt{2}$ sind.

    (e) Wie viele Möglichkeiten gibt es, $1992 = a^2 - 2b^2$ zu schreiben? Was passiert, wenn man 1992 durch 1984 ersetzt.

    (f) Sei (a, b) ein Lösungspaar ganzer Zahlen mit $1 < a + b\sqrt{2}$. Zeige: Dann sind $a, b > 0$.

    (g) Zeige: Ist (a, b) ein Lösungspaar der Gleichung (*) mit positiven a und b, dann gibt es ein $n \in \mathbb{N}$, so dass $a + b\sqrt{2} = (3 + 2\sqrt{2})^n$ gilt. Wir erwischen also mit dieser Methode alle Lösungspaare. (Wer sich hierfür genauer interessiert, lese in dem Buch von Krätzel)

    (h) Zeige: Zu jeder natürlichen Zahl n gibt es ganze Zahlen a, b so, dass $0 < a + b\sqrt{2} < \frac{1}{n}$ ist.

    (i) Zeige: Zwischen zwei reellen Zahlen $x < y$ gibt es stets eine Zahl der Form $a + b\sqrt{2}$ mit ganzen Zahlen a und b.

Es ist verwunderlich: Lassen wir nur eine Strecke der Länge $\sqrt{2}$ als mögliche Länge zu und halten wir an dem Prinzip fest, dass die Summe und die Differenz zweier möglicher Distanzen wieder eine mögliche Distanz ergibt, so ist schon fast jede Streckenlänge möglich. Wird der Atomismus nur an einer Stelle ein klein wenig verletzt, so bricht das Kontinuum mit voller Macht in unsere Welt ein.

30. Löse das gleiche Problem wie bei der Aufgabe 29, nur mit der Gleichung $X^2 - 3 \cdot Y^2 = 1$.

31. (a) Zeige: Es gibt keine gleichschenkligen Dreiecke, deren Seitenlängen nur natürliche Zahlen sind, und die zugleich rechtwinklig sind.

    (b) Aber zeige: Es gibt unendlich viele gleichschenklige Dreiecke, die in folgendem Sinn fast rechtwinklig sind: $2 \cdot a^2 = b^2 + 1$.

    (c) Ein techtwinkliges Dreieck heißt fastgleichschenklig pythagoreisch, wenn es ganzzahlige Seitenlängen hat und sich die Katheten nur um 1 unterscheiden. Zeige: Es gibt unendlich viele fastgleichschenklige pythagoreische Dreiecke.

    (d) Kennzeichne alle fastgleichschenkligen pythagoreischen Dreiecke.

    (e) Schreibe ein Programm, welches mit den kleinsten Kathetenlängen beginnend alle fastgleichschenkligen pythagoreische Dreiecke aufzählt.

    (f) Zeige: Es ist $a + (a + 1) + (a + 2) \ldots + b = a \cdot b$ $(a, b \in \mathbb{N})$ genau dann, wenn es ein fastgleichschenkliges pythagoräisches Dreieck mit der kürzeren Kathete $b - a$ und Hypotenuse $2a - 1$ gibt. Benütze diesen Satz, um Lösungen der obigen Gleichung zu finden.

32. Pythagoras liebte den Strand seiner Insel Samos. Die Sonne, das Rauschen des Meeres und die vielen Steine, die das Meer seit jeher rundgeschliffen hatte. So saß er oft dort und spielte mit besonders schönen ebenmäßigen Kieselsteinen. Er stellte fest: Die Zahlen der Form $x = 1 + 2 + 3 + \ldots + n$ haben folgende Eigenschaft. Hat ein Philosoph x Steine, so kann er sie wunderbar in Form eines gleichschenkligen rechtwinkligen Dreiecks auslegen. Da rechtwinklige Dreiecke ihn besonders beeindruckten, er sollte ja ihretwegen in die Geschichte eingehen, nannte er diese seltsamen Zahlen Dreieckszahlen.

    (a) Spiele selbst mit Kieselsteinen und bestätige Pythagoras.

    (b) Zeige: 21, 2211, 222111 sind Dreieckszahlen.

    (c) Wie Aufgabe (b), aber mit 5151, 501501, 50015001, ...

    (d) Entwickle selbstständig möglichst spannende Folgen von Dreieckszahlen.

    (e) Sei $t_k = \dfrac{(k - 1) \cdot k}{2}$ die k-te Dreieckszahl. Zeige: $t_k + k$ ist wieder eine Dreieckszahl. Welche?

    (f) Zeige: Es gibt unendlich viele Paare von Dreieckszahlen, deren Summe wieder eine Dreieckszahl ist.

(g) Schreibe ein Programm, welches nach Dreieckszahlen sucht, die zugleich Quadratzahlen sind.

(h) Zeige: Es gibt unendlich viele Dreieckszahlen, die zugleich Quadratzahlen sind.

(i) Entwickle ein Verfahren, welches alle solche Zahlen, beginnend mit der kleinsten aufzählt.

(j) Verbessere nun dein Programm aus 32g) mit der hoffentlich vorher gefundenen Methode.

(k) Für welche ganzzahligen X und Y ist $1 + 2 + \ldots + X = (X + 1) + (X + 2) + \ldots + Y$? Vergleiche mit 30 (f).

(l) b^2 ist Dreieckszahl genau dann, wenn b Inkreisradius eines fastgleichschenkligen pythagoräischen Dreiecks ist.

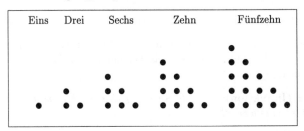

| Eins | Drei | Sechs | Zehn | Fünfzehn |

1.4 Zusammenfassung

Halten wir etwas Rückblick. Drei wichtige Prinzipien haben wir kennengelernt. Das Prinzip vom Minimum, das Prinzip vom Maximum und das Induktionsprinzip. Alle diese Prinzipien sind auf den ersten Blick klar und einleuchtend. Sie sind leicht zu glauben. Nach Thomas von Aquin: „Ein jeder, der lernt, muss glauben, damit er zu vollkommenem Wissen gelange." Wir wollen auch gerne diese drei Prinzipien glauben. Aber ist es nicht ein wenig unheimlich, dass jedesmal dann, wenn eine neue wesentliche Eigenschaft der natürlichen Zahlen gebraucht wird, sie wie ein Kaninchen aus dem Hut eines Zauberers erscheint? Das schmeckt ein wenig nach Scharlatanerie. Aber du kannst beruhigt werden, lieber Leser, glücklicherweise sind alle drei Prinzipien gleichwertig. Du brauchst also nur einen Grundsatz zu glauben. Die anderen ergeben sich dann rein logisch. Entscheide dich selber, was dir am einleuchtendsten zu sein scheint.

33. Denke über folgende Sätze nach:

(a) O, welche Flammenschrift brennt mir im Haupte?
   „Nichts glauben kannst du, eh' du es nicht weißt,
   Nichts wissen kannst du, eh' du es nicht glaubst!"
   Ch. D. Grabbe: Don Juan und Faust.

(b) „... Nicht, dass er uns als wahr einleuchtet, sondern dass wir das Einleuchten gelten lassen, macht ihn zum mathematischen Satz."
   L. Wittgenstein: Bemerkungen über die Grundlagen der Mathematik.

(c) „Der vernünftige Mensch hat gewisse Zweifel nicht."
   L. Wittgenstein: Über Gewißheit (Spruch 220).

(d) „Das, woran ich festhalte, ist nicht ein Satz, sondern ein Nest von Sätzen."
   L. Wittgenstein: Über Gewißheit (Spruch 226).

Also wollen wir doch endlich einmal in einem einzigen Satz zusammenfassen, was wir über Induktion und kleinstes und größtes Element wissen (oder glauben).

Satz 1.4.1 (Induktion) *Folgende Aussagen über die Menge der natürlichen Zahlen sind äquivalent:*

1. *Jede endliche nichtleere Teilmenge von $\mathbb{N}$ hat ein größtes Element.*

2. *Jede nichtleere Teilmenge von $\mathbb{N}$ hat ein kleinstes Element.*

3. *Ist T eine induktive Teilmenge von $\mathbb{N}$, die 0 enthält, so ist $T = \mathbb{N}$.*

4. *Ist T eine induktive Teilmenge der natürlichen Zahlen, die k enthält, so enthält T alle natürlichen Zahlen $\geq k$.*

Beweis: Wir denken wieder an unseren Dämon, der zufällig die Kilometersteine auf der unendlichen Zahlengeraden bemalt.

Wir beweisen jetzt, dass aus Aussage 1. die Aussage 2. folgt: Sei M eine vom Dämon bemalte Teilmenge von $\mathbb{N}$. Ist $0 \in M$, dann ist 0 schon das kleinste Element aus M. Andernfalls betrachten wir folgende Menge:

$$B = \{k | k \leq m \text{ für alle } m \in M\},$$

also die Menge, die unterhalb aller roten Zahlen liegt. B ist nichtleer und ist, da M nichtleer ist, endlich. Also gibt es ein größtes Element aus B namens $Goliath$. Ist $m \in M$, dann ist natürlich $Goliath \leq m$. Wäre $Goliath < m$ für alle $m \in M$, dann wäre $Goliath + 1 \leq m$ für alle $m \in M$. Damit ist aber $Goliath + 1 \in B$. Das geht nicht, da schon $Goliath$ das größte Element war. Damit ist $Goliath \in M$ und damit das kleinste Element aus M.

Und nun folgern wir aus Aussage 2. die Aussage 3.: Sei T induktive Teilmenge von $\mathbb{N}$, die k enthält. Angenommen $M = \mathbb{N} \setminus T$ wäre nichtleer. Dann enthält M ein kleinstes Element $mini$. Es ist $0 < mini$, da $0 \in T$. Damit ist aber $mini - 1$ aus T. Weil T induktiv ist, ist aber dann $mini \in T$. Das ist ein Widerspruch.

Nun noch: Aus 3. folgt 1. Wir betrachten eine endliche Menge B. Wir füllen B auf durch

$$T = \{k| \text{ Es gibt ein } b \in B \text{ mit } k \leq b\}.$$

Es ist T nichtleer, da $0 \in T$. Angenommen, B enthält kein größtes Element $Goliath$. Ist dann $k \in T$, dann gibt es ein $b \in B$ mit $k \leq b$. Da b nicht das größte Element aus B ist, gibt es ein c aus B mit $k \leq b < c$. Damit ist aber $k + 1 \leq c$. Und also $k + 1 \in T$. Damit ist nach 3. aber $T = \mathbb{N}$. Das ist ein Widerspruch zur Endlichkeit von B. $\qquad \square$

Schließlich überlassen wir dem Leser die Äquivalenz von 3) und 4) als Übung.

2 Euklidischer Algorithmus

„Wenn die Lektion zu Ende ist, eilt die Schwester sofort wieder zu uns, bei der Gouvernante ist es ihr zu langweilig, bei uns ist es lustiger, umso mehr als ... oft Gäste kommen,..., von denen man viel Interessantes erfahren kann." ([Kow68], Seite 11)

2.1 Teilen mit Rest

Betrachten wir die Zahlengerade und auf ihr eine (große) Zahl a. Auf der Geraden rollt ein Rad mit dem (kleinen) Umfang b. Das Rad beginnt bei Null zu rollen. Nach einer gewissen Anzahl von Umdrehungen wird es nur noch eine Umdrehung brauchen, um nach a oder über a hinaus zu gelangen. Vor der letzten Umdrehung bleibt eine Reststrecke übrig. Diese Reststrecke ist sicher kleiner oder gleich b.

Bild 2.1 Das Rad auf der Zahlengeraden

Satz 2.1.1 (Teilen mit Rest) *Es seien a, b natürliche Zahlen und $b > 0$. Dann gibt es ein q und ein r aus $\mathbb{N}$ so, dass $a = qb + r$ mit $r < b$. Die Zahlen q und r sind eindeutig bestimmt.*

Beweis:
Es sei $V_b = \{s \cdot b | sb \leq a, s \in \mathbb{N}\}$ = die Menge aller Vielfachen von $b \leq a$. V_b ist nicht leer, denn $0 \in V_b$. Außerdem ist V_b endlich, enthält somit ein größtes Element qb. Dann ist: $qb \leq a < (q+1)b$ also

$$0 \leq r := a - qb < (q + 1)b - qb = b.$$

Nun zur Eindeutigkeit: $a = qb + r = q_1 b + r_1$. Ist $r_1 = r$, so ist $q_1 b = qb$ und also $q_1 = q$ und man ist fertig. Andernfalls sei etwa $r_1 > r$. Dann ist: $b > r_1 - r = (q - q_1)b > 0$. Damit ist $q > q_1$ und also $(q - q_1)b > 1b$. Das ist ein Widerspruch. Der Satz ist bewiesen.   □

Aufgaben:

34. Dividiere mit Rest und schreibe das Ergebnis in der Form $a = bq+r, r < b$.

    (a) $12121212 : 11$,   (b) $12345678 : 250$

35. (a) Dividiert man eine Zahl durch 5, so erhält man als Ergebnis hinter dem Komma $\ldots, 4$. Welcher Rest ergibt sich (bei Division dieser Zahl durch 5)?

    (b) Wie in (a): Division durch 7 ergibt $\ldots, 428571428571\ldots$

    (c) Wie in (a): Division durch 11 ergibt $\ldots, 90909090\ldots$

    (d) Wie kann man mit dem Taschenrechner (für nicht zu große Zahlen) Reste bestimmen?

36. Heute ist Dienstag. Welcher Wochentag ist in

    (a) 1000,   (b) 100000000 Tagen?

37. Begründe: Unter n aufeinander folgenden Zahlen gibt es stets genau eine, die durch n teilbar ist.

38. (a) Schreibe ein Programm, welches den Quotienten zweier Zahlen a, b durch Hochaddieren berechnet. Es wird gezählt, wie oft man b zu sich selber addieren kann, ohne a zu übertreffen. Das Programm soll also gewissermaßen unseren Beweis nachvollziehen.

    (b) Beweise Satz 2.1.1 mit dem Minimumprinzip. Schreibe auch hierzu ein Programm. b wird, so oft es geht, von a abgezogen.

    (c) Beweise den Satz 2.1.1 mit dem Induktionsprinzip. Schreibe ein Programm, welches den Quotienten der Zahlen a und b rekursiv berechnet.

39. (a) Wie groß ist ein Innenwinkel in einem regelmäßigen n-Eck?

(b) Die Ebene soll mit regelmäßigen n-Ecken vollständig (überschnei-
dungsfrei und lückenlos) ausgelegt werden. Welche n sind möglich?

40. Für natürliche Zahlen a, b gilt: Wenn $100a + b$ durch 7 teilbar ist, dann ist
auch $a + 4b$ durch 7 teilbar. Beweise dies.

41. Die Zahlen von 1 bis 1000 werden der Reihe nach entlang einer Kreislinie
geschrieben. Beginnend mit 1 wird jede fünfzehnte Zahl durchgestrichen
(also die Zahlen $1, 16, 31, 46, \ldots$). Bei wiederholten Umläufen werden auch
die durchgestrichenen Zahlen mitgezählt. Diesen Prozess setzt man so lange
fort, bis nur noch Zahlen drankommen, die schon durchgestrichen sind. Wie
viele Zahlen werden nicht durchgestrichen?

Die folgenden Aufgaben über „quadratische Reste" wollen wir wieder vorbereiten:

42. Welche Reste kann eine Quadratzahl bei Division durch 11 lassen? (Prüfe
selbst, bevor du weiterliest.)

Lösung: Jede natürliche Zahl n besitzt eine Darstellung $n = 11q + r$, mit $0 \leq r <
11$. Dann ist $n^2 = (11q + r)^2 = 121q^2 + 22q \cdot r + r^2 = 11m + r^2 = 11k + s$, wobei
s der Rest von r^2 bei Division durch 11 ist. Wir brauchen jetzt nur die Reste
der Quadratzahlen $0, 1, 4, 9, \ldots, 81, 100$ bei Division durch 11 anschreiben (der
Größe nach geordnet): $0, 1, 3, 4, 5, 9$. Man sagt: Diese Zahlen sind „quadratische
Reste" bei Division durch 11. Umgekehrt: $2, 6, 7, 8, 10$ sind nicht quadratische
Reste. Löse jetzt selbständig:

43. (a) Welche quadratischen Reste bei Division durch 3 (5) treten auf? Lerne
diese quadratischen Reste auswendig.

(b) Welchen Rest lässt 10113^2 bei Division durch 3 (5, 11, 13 \ldots)? Rechne
geschickt.

44. (a) Kann die Summe von drei aufeinander folgenden Quadratzahlen wieder eine Quadratzahl sein?

Lösung: Die Antwort ist Nein, denn die Summe dreier aufeinander
folgender Quadrate sieht so aus: $(x - 1)^2 + x^2 + (x + 1)^2 = 3x^2 +
2$. Bei Division durch 3 bleibt stets Rest 2. Damit kann dies keine
Quadratzahl sein (warum? – vgl. Aufgabe 43 Teil (a)).

(b) Kann die Summe von 5 aufeinander folgenden Quadraten wieder eine
Quadratzahl sein?

(c) Kann die Summe von 4 aufeinander folgenden Quadraten wieder eine
Quadratzahl sein?

(d) Kann die Summe von 3 aufeinander folgenden Quadraten gleich der Summe von 5 aufeinander folgenden Quadraten sein?

(e) Kann die Summe von 11 aufeinander folgenden Quadraten wieder eine Quadratzahl sein? (Es scheint ein schweres Problem zu sein, diejenigen n zu charakterisieren, für die die Summe von n aufeinander folgenden Quadraten wieder eine Quadratzahl sein kann.Vgl.: Platiel S. und J. Rung, Natürliche Zahlen als Summen aufeinanderfolgender Quadratzahlen, Expositiones Mathematicae 12 (1994), 353–362; vgl. auch die dort zitierte Literatur. Vergl. auch Warlimont, R., On natural Numbers as Sums of consecutive k-th powers, Journal of Number Theory 68 (1998), 87-98.)

45. Eine schwere Aufgabe, die auf den ersten Blick gar nichts mit quadratischen Resten zu tun hat (Bundeswettbewerb Mathematik 1970/71, 1. Runde): Es sei P das links liegende, Q das rechts liegende von zwei benachbarten Feldern eines Schachbretts aus n mal n Feldern. Auf dem linken Feld P steht ein Spielstein. Er soll über das Schachbrett bewegt werden. Als Bewegungen sind zugelassen:

1) Versetzung auf das oben liegende Nachbarfeld,

2) Versetzung auf das rechts liegende Nachbarfeld,

3) Versetzung auf das links unten anstoßende Feld.

Beweise: Für keine Zahl n kann der Stein alle Felder je einmal besuchen und seine Wanderung in Q beenden.

(Anleitung: Man führe einen Widerspruchsbeweis. Es seien x Züge 1. Art, y Züge 2. Art, z Züge 3. Art erforderlich .... .)

Nun wieder etwas Leichteres:

46. Bestimme alle natürlichen Zahlen $n \in \mathbb{N}$, so dass $(n+1)$ Teiler von (n^2+1) ist.

47. Bestimme alle natürlichen Zahlen, so dass $n+1992$ ein Teiler von n^2+1992 ist. Ersetze 1992 durch eine andere Zahl (etwa 2001).

48. Zeige: Ist 3 Teiler von $n^2 + m^2$, so teilt 3 sowohl n als auch m.

49. Zeige, dass es unendlich viele Zahlen n gibt, für die gilt:

(a) 5 teilt $(4n^2+1)$,   (b) 13 teilt $(4n^2+1)$,   (c) 17 teilt $(4n^2+1)$.

2.2   Zahlen benennen. Stellenwertsysteme

Hinc incipit algorismus.
Haec algorismus ars praesens dicitur in qua
talibus indorum fruimur bis quinque figuris
0987654321

Hier beginnt der Algorismus. Diese neue Kunst heißt Algorismus, in der wir
aus diesen zweimal fünf Ziffern 0, 9, ..., 1 der Inder Nutzen ziehen. (Der Anfang
einer Schrift zur Arithmetik des Minoritenmönchs Alexander de Villa Dei. Er
lebte um 1240 in Paris.)

Versetze dich mit der Zeitmaschine zurück in die Steinzeit. Vom Hor-
denführer bekommst du den Auftrag, zu einem befreundeten Stamm zu
reisen und festzustellen, welcher der beiden Stämme mehr Schafe hat. Du
hast keine Ahnung vom Zählen. Zahlen sind noch nicht erfunden. Trotzdem verzagst du nicht an deinem Auftrag. Du hast beim Dorfschamanen
gut aufgepasst und hast viele wunderbare Gedichte gelernt. Also bittest
du den Dorfhirten, alle Schafe einzeln an dir vorbeizutreiben. Du wählst
dir ein besonders schönes Gedicht und beginnst.

Die Sonne tönt nach alter Weise
In Brudersphären Wettgesang,
Und ihre vorgeschriebene Reise
vollendet sie mit Donnergang.
...

Bei jedem Schaf, welches vorbeikommt, sprichst du ein Wort weiter. Beim
letzten Schaf merkst du dir die Stelle, an der du angekommen bist und
brichst zum anderen Stamm auf. Dort machst du genau das Gleiche, und
du kannst die Frage deines Häuptlings leicht beantworten. Kinder gehen
heute noch so vor, wenn sie etwa Abzählverse verwenden. Ja, selbst wir
zählen noch auf diese Weise, wenn es sich um kleine Zahlen handelt. Wir
rezitieren das zugegeben langweilige Gedicht „Eins, Zwei..." Diese Zähl-
weise ist nur für kleine Zahlen brauchbar. In dem Buch von Rucker, Seite
136, wird das an einem schönen Beispiel verdeutlicht. „In seiner Erzählung
'Der gedächtnisstarke Funes' beschreibt Borges einen Jungen, der über ein
perfektes Gedächtnis verfügt und für die ersten 24000 Zahlen jeweils eigene
Namen erfindet:

'Anstatt von siebentausendreizehn, spricht er (beispielsweise) von *Maximo Perez* , siebentausendvierzehn heißt bei ihm *Eisenbahn*. Andere Zahlen tragen Namen wie *Luis Melian Lafinur, Olimar, ...*'

Borges weist darauf hin, dass der Nachteil eines derartigen ungewöhnlichen Zählsystems nicht nur darin besteht, dass es schwierig zu erlernen ist. Vielmehr stellt sich noch ein weiteres Problem, nämlich dass solche Systeme keinen unbegrenzten Vorrat an neuen Namen für Zahlen bereitstellen."

Bei großen Zahlen wäre unser Gedächtnis hoffnungslos überfordert. Unsere Phantasie würde nicht ausreichen, um immer wieder neue Zahlnamen zu erfinden. Noch einen wesentlicher Nachteil hat dieses Benennungssystem. Es steht in keinem Zusammenhang mit den Rechenoperationen, die in den natürlichen Zahlen möglich sind. Es muss also ein einfaches Buchhaltungssystem her. Das einfachste ist das sogenannte Zaunsystem. Für jedes vorbeilaufende Schaf wird ein Strich gemacht oder ein Kieselstein in eine Urne gelegt. Phantasieschwierigkeiten gibt es jetzt nicht mehr. Taucht ein neues Schaf auf, brauchen wir nicht unseren Einfallsreichtum zu strapazieren, sondern nur einen weiteren Strich zu machen. Auch ist es prinzipiell möglich, beliebig große Zahlen zu benennen.

Dieses System wurde tatsächlich im Zweistromland verwendet. Archäologen fanden Urnen, die außen in Keilschrift eine bestimmte Zahl eingeritzt hatten. Innen fand man genau so viele Tonkügelchen wie außen vermerkt. Die Erklärung der Archäologen: Ein Hirte, der nicht schreiben konnte, hatte ein Geschäft mit einem Händler gemacht, etwa im Auftrag seines Herrn 43 Schafe verkauft. Der Handel musste dokumentiert werden. Der Händler dokumentierte die Anzahl als Text auf der Urne, er konnte ja schreiben. Aber auch der Hirte wollte eine Sicherheit, die er verstehen konnte. Er machte seine Dokumentation über den Handel in der Urne. Nur wenn Urneninhalt und Inschrift übereinstimmten, ging es mit rechten Dingen zu.

Bei großen Zahlen geht aber sehr schnell die Übersicht verloren. Schon bei 5 Strichen, wird es wenige Menschen geben, die schlagartig ohne nachzudenken erkennen, dass es 5 Striche sind. Wer aber sieht schon auf Anhieb, was das für eine Zahl sein soll?

IIIIIIIIIIIIIIIIIIIIIIIIIIIIIIIIIIIIIIIIIIII

Irgendwann in grauer Vorzeit kam nun ein Hirte auf die glänzende Idee, die Striche nach Händen zu bündeln. Er schrieb:

|N| |N| |N| |N| |N| |N| |N| |N| |||

Wir verwenden noch heute diese Methode beim Auszählen einer Wahl. Aber wenn die Anzahl der Hände sehr groß wird, so wird auch dieses System sehr unübersichtlich. Deswegen war es ein entscheidendender Fortschritt, als folgende Idee der Zahlenschreibweise aufkam:

Auf dem ersten Feld steht, wieviel Handvoll Hände es gibt, auf dem zweiten Feld, wie viele Hände noch übrig bleiben und auf dem dritten Feld, wie viele Finger dann noch hinzukommen. Im wesentlichen ist das Stellenwertsystem erfunden. Mit dieser Methode kann im Prinzip jede mögliche Zahl einfach bezeichnet werden. In dem Buch von Ifrah steht eine ungeheure Fülle von historischen Details zur Entdeckung der verschiedenen Stellenwertsysteme.

Wir haben gerade etwas abgekürzt die Entdeckung des Handsystems oder des Fünfersystems geschildert. Wie wandeln wir eine beliebige Zahl Y ins Fünfersystem um?

Solange $Y > 0$ ist, machen wir folgendes:

begin

- Wir teilen Y durch 5 und schreiben den Rest von rechts beginnend auf.

- Y wird gleich dem Wert des ganzzahligen Quotienten gesetzt.

end;

Diese Methode kann natürlich auf jedes Stellenwertsystem angewendet werden. Das ergibt:

Satz 2.2.1 (X-adisches Stellenwertsystem) *Ist X eine natürliche Zah > 1, so lässt sich jede natürliche Zahl Y eindeutig in der Form $Y = a_0 + a_1 X + ... + a_n X^n$ schreiben. Die a_i sind natürliche Zahlen einschließlich 0, die kleiner als X sind.*

Beweis: Durch Induktion nach der Größe von Y. Ist $Y < X$, so ist man fertig. Denn dann ist $a_0 = Y$, $Y = a_0 + 0 \cdot X$.
Gelte die Behauptung für alle Zahlen $< Y$.

Nun ist $Y = q \cdot X + r$. Wir setzen $a_0 = r < X$. Es ist $q < Y$, und q lässt sich so schreiben: $q = a_1 + a_2 X + \ldots + a_n X^{n-1}$. Damit ist $Y = a_0 + a_1 X + \ldots + a_n X^n$. Die Eindeutigkeit sieht man so: Sei

$$Y = a_0 + a_1 X + \ldots + a_n X^n = b_0 + b_1 X + \ldots + b_n X^n.$$

Teilen wir beide Seiten durch X, muss sich jeweils der gleiche Rest ergeben. Also ist $a_0 = b_0$. Damit folgt

$$a_1 X + \ldots + a_n X^n = b_1 X + \ldots + b_n X^n.$$

Teilen wir nun durch X, so erhalten wir eine Zahl $< Y$. Diese ist aber eindeutig darstellbar. Also folgt $a_1 = b_1, \ldots$ etc, also $a_i = b_i$ für alle $i = 1, \ldots, n$. $\qquad\qquad\square$

Setzen wir für $X = 10$, so ergibt sich das uns so sehr vertraute Zehnersystem. Es ist uns so in Fleisch und Blut übergegangen, dass wir überhaupt nicht mehr dran denken, welche gewaltigen geistigen Leistungen notwendig waren, um zu einem solch raffinierten Bezeichnungssystem für die natürlichen Zahlen zu gelangen. So hat das ausgefeilte Zehnersystem auch eine lange Geschichte. Erfunden wurde es in Indien. Der indische Astronom und Mathematiker Ārybhata, geboren 476, verfasste im Alter von 23 Jahren sein erstes Werk. Es trug den Titel „Āryabhatiya". In dieser Schrift vertritt er zum Beispiel schon die These, dass die Erde sich um ihre eigene Achse dreht und nicht im Zentrum des Universums steht. Das alles sagt er ungefähr 1000 Jahre vor Kopernikus. Im mathematischen Teil seiner Schrift schildert er zum ersten Mal die Rechenregeln im Zehnersystem, die wir in der Volksschule lernen. Eine besondere Großtat der Inder war die Erfindung der 0 als Rechengröße, die noch 1000 Jahre später den Mitteleuropäern so unheimlich war. „Ein Zeichen, welches nur Mühe und Undeutlichkeit verursacht " schrieb man noch im 15. Jahrhundert.

Die Inder wagten es, die Leere zu benennen. Sie nannten es „sunya", „die Leere" oder „kha", „das Loch". Daher stammt unser Ziffernzeichen „0".

Nach dem Tode des Mohammed entstand durch die Eroberungszüge der Araber ein islamisch–arabisches Großreich, das weit nach Indien reichte. Die Araber zeigten sich ungeheuer lernfähig. Unter dem liberalen und wissbegierigen Kalifen al-Mansur (754 – 775) entstand in Bagdad nach antikem Vorbild eine Akademie, das „Haus der Weisheit". In diesem „Haus der Weisheit " arbeitete auch Abu Abdallah Muhammed ibn Musa al-Hwarizmi al-Magusi (kurz al-Hwarizmi) von 813 − 833. Er studierte die indischen und griechischen Mathematiker und verfasste mehrere Schriften zur Arithmetik, Algebra und Astronomie. Diese Schriften wurden ins Lateinische übersetzt und beeinflussten die mitteleuropäische Mathematik nachhaltig. Aus seinem Namen al Hwarizmi entstand wohl das Wort Algorithmus. Aus dem Titel seiner Abhandlung über die quadratische Gleichung „ăl-gabr" entstand unser Wort „Algebra".

In Italien verfasste als 23jähriger Mann „Leonardus filius Bonacci", später wurde Fibonacci daraus, in lateinischer Sprache das Buch „Liber abaci". Sein Vater war Kaufmann und hatte ihn in frühster Jugend mit auf Handelsreisen genommen. Sein Vater bewunderte die gewandte Rechentechnik seiner Geschäftspartner. So ließ er seinen aufgeweckten Jungen von einem arabischen Lehrer unterrichten. Schon bald durchstöberte Leonardo auf seinen Reisen die Bibliotheken von Alexandria oder Damaskus und lernte gründlich das Wissen der Araber kennen. Er verfasste sein Buch „Auf dass das Volk der Lateiner in solchen Dingen nicht mehr als unwissend befunden werde." Er schrieb: „Die neun Zahlzeichen der Inder sind diese:

$$9 \quad 8 \quad 7 \quad 6 \quad 5 \quad 4 \quad 3 \quad 2 \quad 1.$$

Mit ihnen und diesem Zeichen 0, das arabisch sifr heißt, kann jede beliebige Zahl geschrieben werden." (Vgl. das Buch von S. Hunke, Allahs Sonne über dem Abendland, Fischer, 1965) Aus dem Wort sifr entstand unser Wort „Ziffer". Auf den ersten Blick erscheint es seltsam, dass Leonardo die Ziffern in umgekehrter Reihenfolge nennt. Aber tatsächlich nannte er sie in der richtigen Reihenfolge. Er blieb nur bei der arabischen Schreibweise von rechts nach links. Und so ist es bis heute geblieben. Wir haben die arabische Schreibweise übernommen, obwohl die Rechenmethoden eigentlich genau die umgekehrte Reihenfolge verlangen würden. Um die Summe zweier Zahlen zu berechnen, müssen wir immer bei den Einern anfangen, also bei unserer Schreibweise hinten. Die Araber können vorne anfangen. Hätte sich die Rechenlogik bei unserer Schreibläufigkeit durchgesetzt, so müssten wir für Einundachtzig „18" schreiben. Wir sehen, auch in der Mathematik ist nicht alles der Zweckmäßigkeit unterworfen, sondern viele an sich unpraktische Schreibweisen vererben sich wie Krankheiten fort.

Noch einmal: Ohne das indische Ziffernsystem, insbesondere die Entdeckung der „0", wären die gewaltigen Fortschritte der Mathematik in der Neuzeit nicht denkbar. Nur einem einzigen Volk ist die gleiche Entdeckung unabhängig gelungen: den Mayas. Allein diese Geschichte der Entwicklung der Zahlsysteme belegt: Oft sind die entscheidenden Fortschritte im Begrifflichen. Es ist eben nicht ganz gleichgültig, wie die Zahlen bezeichnet werden. Der Algorithmus der Bezeichnung muss mit dem Kern der Sache verbunden sein. Vielleicht ist Name in einem gewissen Sinn doch nicht Schall und Rauch.

Heutzutage hat sich als besonders wichtig das Zweiersystem herausgestellt. Computer rechnen im Zweiersystem. In diesem Dualsystem lassen sich in besonders klarer Weise Zahlen und überhaupt alle Informationen verschlüsseln. Deswegen wurde auch als eine Einheit einer Information ein „Bit", das ist eine Stelle einer Dualzahl, gewählt. Wir wollen hierzu ein Beispiel geben.

Zwei Spieler, Max und Moritz, spielen nach folgenden Regeln: Max denkt sich eine natürliche Zahl n (einschließlich 0) zwischen 0 und 2047. Moritz stellt Fragen über n, die Max mit „ja" oder „nein" beantwortet. Insgesamt darf Moritz elf Fragen stellen, die Max alle richtig beantworten muss. Weise nach, dass Moritz stets gewinnen kann (bei richtiger Strategie).

Lösung: Moritz fragt Max folgendermaßen: Teile die Zahl mit Rest durch 2. Ist der Rest 1? Antwortet Max mit „Ja ", so schreibt Moritz eine „1" auf, andernfalls ein „0". Dann stellt er dieselbe Frage über den Quotienten. Insgesamt elfmal. Es entsteht eine elfstellige Folge aus den Ziffern 0 und 1. Die zugehörige Dualzahl. Hieraus kann Moritz natürlich eindeutig auf die gedachte Zahl zurückschließen. Er braucht keinerlei übernatürliche Kräfte zu bemühen. (Komplizierter wird es, wenn Max einmal lügen darf. Dann benötigt Moritz vier weitere Fragen, mit denen er ermittelt, ob und wenn ja, an welcher Stelle Max gelogen hat. Moritz lässt dazu Max vier weitere Ziffern berechnen, nämlich den Zweierrest der Summe der 1., 2., 3., 4., 6., 8., 9. Stelle und analog die Zweierreste von Summen beginnend mit der 2. bzw. 3. bzw. 4. Stelle. Überlege nun selbst, wie Moritz daraus die richtige Zahl ermitteln kann.)

Aufgaben:

50. Wandle vom Dezimalsystem ins Vierersystem um: 11; 111; 1111; 12; 123; 1234; 12345.

51. Wandle vom 4er–System ins Dezimalsystem: 111; 321; 231; 1230; 30000123.

52. Addiere im 4er–System und mache die Probe im 10er–System: $123 + 321$; $213 + 12301$; $333333 + 12303$.

53. Wandle die beiden gegebenen Zahlen ins Dualsystem um und multipliziere sie dort. Mache die Probe im Dezimalsystem: $15 \cdot 17$; $33 \cdot 65$; $127 \cdot 255$; $1025 \cdot 999$.

54. (a) Schreibe ein Programm, welches vom Dezimalsystem ins Dualsystem umwandelt.
    (b) Schreibe ein Programm, welches vom Dualsystem ins Dezimalsystem umwandelt.
    (c) Schreibe das Programm allgemein vom n-adischen ins m-adische System.

Die Mayas rechneten in einem Zwanzigersystem. Es gab eine Null und sie wurde als leere Muschel dargestellt. Es gab nicht für jede Ziffer ein besonderes Zeichen, sondern für die Einheit wurde ein Punkt und für fünf Einheiten ein waagerechter Strich gezogen. Das Ziffernsystem sah ungefähr so aus:

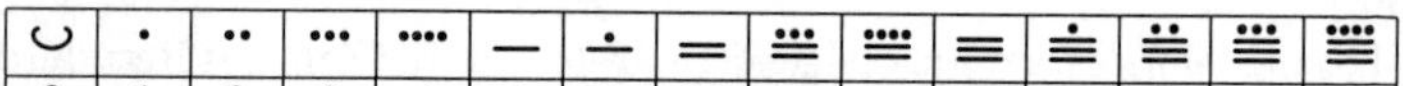

0	1	2	3	4	5	6	10	13	14	15	16	17	18	19

Das System war kein reines Stellenwertsystem, sondern funktionierte folgendermaßen: An der letzten Stelle standen, wie wir es gewohnt sind, die Einer. An der zweitletzten Stelle standen die Zwanziger. An der drittletzten Stelle die Vielfachen von $360 = 18 \cdot 20$. An der viertletzten Stelle die $18 \cdot 20^2$ etc. Gelesen wurde von oben nach unten. So zum Beispiel:

Aufgaben:

55.

$1 \cdot 7200$
$17 \cdot 360$
$8 \cdot 20$
15

(a) Wandle ins Maya–System um: 3350, 788533, 1992.

(b) Schreibe eine Pascalfunktion, die von unserem 10er–System ins Mayasystem umwandelt. Zur Vereinfachung wählen wir unsere Ziffern von 0 bis 9 und die ersten Buchstaben des Alphabets für die Mayaziffern $10, \ldots, 19$.

(c) Schreibe ein Programm, welches die Quersumme einer Mayazahl ausrechnet.

56. Beweise: Eine Zahl ist teilbar durch 9 bzw. 3 genau dann, wenn ihre Quersumme durch 9 bzw. 3 teilbar ist.

57. Die Babylonier rechneten im 12er System. Für welche Zahlen < 12 gibt es hier ein Analogon zur Quersummenregel?

58. *Märchenzahlen:* Schreibt man eine beliebige dreistellige Zahl X zweimal nebeneinander, so entsteht die Zahl $XX = Y$. Die 6-stellige Zahl Y ist für jedes X durch 7, 11 und 13 teilbar. Warum? (Warum heißen die Zahlen wohl Märchenzahlen? Hinweis: $7 \cdot 11 \cdot 13$.)

59. Es sei eine bestimmte zweistellige Zahl X gegeben. Man schreibt X viermal nebeneinander und erhält die Zahl $Y = XXXX$. Y ist durch 5 und durch 11 teilbar. Bestimme X. Gibt es mehrere Lösungen?

60. In der Aufgabe sind an die Stellen, wo x steht Ziffern einzusetzen, so dass eine richtige Multiplikation entsteht. Bestimme alle möglichen Lösungen.

```
xxxx * xxx
------------
xxxx
34405
  xxxx
------------
 xxxxxxx
```

Dabei bedeutet x nicht jedesmal die gleiche Ziffer.

61. Welche natürlichen Zahlen ergeben durch 13 geteilt ihre Quersumme.

62. Zeige: Unter 79 aufeinander folgenden Zahlen gibt es stets eine, deren Quersumme durch 13 teilbar ist. Zeige, dass man 79 nicht durch 78 ersetzen kann. (Bundeswettbewerb Mathematik 1971/72, 2. Runde)

63. (a) Eine natürliche Zahl, in deren Neunerdarstellung nur die Ziffer 1 vorkommt, ist eine Dreieckszahl.

    (b) Zeige: Jede ungerade Quadratzahl endet im 8er–System auf 1 (Oktalsystem).

    (c) Schneidet man bei einer ungeraden Quadratzahl im Oktalsystem die letzte Ziffer ab, so entsteht eine Dreieckszahl.

64. Gegeben sei im Dezimalsystem eine Zahl a. Schreibt man die Ziffern der Zahl in umgekehrter Reihenfolge auf, so erhält man das Palindrom der Zahl.

    (a) Gibt es zweistellige Zahlen, die durch ihr Palindrom teilbar sind?

(b) Gibt es vierstellige Zahlen, die durch ihr Palindrom teilbar sind?

(c) Löse die gleiche Aufgabe wie (b) im 8er–System.

(d) Löse die gleiche Aufgabe wie (b) im Zwölfer– bzw. Hexadezimalsystem. Das Hexadezimalsystem ist das 16er–System. Es wird in der Informatik verwendet. Man braucht noch Ziffern für $10 =: A$, $11 =: B$, $12 =: C$, $13 =: D$, $14 =: E$ und $15 =: F$.

65. (a) Zeige: Sind X und Y natürliche Zahlen mit $X + Y = 999999999$, so ist Quersumme(X)+ Quersumme$(Y) = 81$.

   (b) Man schreibt alle Zahlen von 1 bis 10^9 nebeneinander und erhält die Zahl
   1234567891011121314.... Wie groß ist die Quersumme dieser Zahl?

Die nächsten Aufgaben sind besonders schwer.

66. (Bundeswettbewerb Mathematik 1972/73 2. Runde) Man beweise: Für jede natürliche Zahl n gibt es eine im Dezimalsystem n-stellige Zahl aus Ziffern 1 und 2, die durch 2^n teilbar ist. Gilt dieser Satz in einem Stellenwertsystem der Basis 4?

67. (Vgl. Bundeswettbewerb 1982, 2.Runde) Ein Schüler dividiert die natürliche Zahl p durch die natürliche Zahl $q \leq 100$. Irgendwo in der Dezimalbruchentwicklung hinter dem Komma treten die Ziffern $1, 9, 8$ hintereinander auf. Man zeige, dass der Schüler sich verrechnet hat. (Kann man 100 durch 101 ersetzen?)

2.3 Rechnen mit langen Zahlen

Dieser Abschnitt ist für das Verstehen des nächsten Teiles nicht unbedingt notwendig. Wer aber fasziniert von Zahlgiganten ist und gern mit seinem Computer große Beispiele zu den behandelten Themen sucht, soll weiterlesen. Wir wollen also unserem Rechner beibringen, mit riesigen Zahlen zu rechnen. Erinnern wir uns: Wir schreiben die Zahlen im Dezimalsystem. Das ist nichts anderes als eine Folge von Ziffern. Wenn wir also mit 100–stelligen Zahlen rechnen wollen, so müssen wir ein Feld von 100 Ziffern bereitstellen. Wir machen folgende Vereinbarungen:

constant basis = 10;

lmax = 100;

type ziffern=array[0..lmax] of **word**

Wir wählen zunächst die Basis 10, damit wir uns keine Gedanken darüber machen müssen, wie wir die errechnete Zahl wieder in das für uns lesbare System übersetzen können. Vorsichtig setzen wir anfangs die Konstante *lmax* niedrig an, damit wir die Ergebnisse noch mit dem Taschenrechner kontrollieren können. Haben wir ein paar Probeaufgaben gelöst, so wagen wir Höheres.

Wir schreiben mal das ganze Programm auf und kommentieren es dann.

```
program ziffernrechnen;
type zahl    = longint;
const basis  = 10;
     lmax    = 100;
type ziffern = array[0.. lmax] of word;
var a,b,c : ziffern;
    i   : integer;
function wordinziffern(    b : word):ziffern;
var a : ziffern;
    i  : integer;
begin
  a[0]:=b;
  for i:=1 to lmax do a[i]:=0;
  wordinziffern:=a;
end; { wordinziffern }
function dezimal(a : ziffern):string;
var i : integer;
    erg,s : string;
begin
 {zunaechst werden fuehrende 0er beseitigt}
  i:=lmax+1; erg:=''; dezimal:=erg;
 repeat
  i:=i-1;
 until (a[i]≠0);
 while (i≥0) do
   begin
     str(a[i],s);erg:=erg+s; i:=i-1;
   end;
  dezimal:=erg;
end;
{==========================}
function plus(a,b: ziffern):ziffern;
```

```
var erg      : ziffern;
    uebertrag,i : integer;
    h        : zahl;
begin
    uebertrag:=0;
    for i:=0 to lmax do
    begin
        h:=uebertrag+a[i]+b[i];
        erg[i]:=h mod basis;
        uebertrag:=h div basis;
    end;
    plus:=erg;
end; { plus }
{Das Hauptprogramm es berechnet Fibionacci-Zahlen}
begin
    b:=wordinziffern(0);
    writeln(dezimal(b));
    a:=wordinziffern(1);
    writeln(dezimal(a));
    for i:=2 to 200 do
    begin
        c:=plus(a,b);
        writeln(i,'':5,dezimal(c));
        b:=a;
        a:=c;
    end;
end.
```

Ein paar Kommentare:

- Der Funktion **wordinziffern** wird ein *word* übergeben. Sie gibt ein

- Der Funktion **dezimal** eine Variable vom Typ *ziffern* übergeben. Sie
  gibt den zugehörigen Dezimalstring zurück. Diese Funktion ist nur
  deshalb vorläufig so einfach zu programmieren, da wir beschlossen
  haben am Anfang sollen in den einzelnen Feldern des arrays nur Ziffern stehen.

• Die Funktion **plus** tut das, was der Name sagt. Sie addiert die beiden langen Zahlen a und b und liefert das Ergebnis in zurück.

Mit diesen wenigen Funktionen können wir uns schon zu Ehren des Leonardo von Pisa (1170 - 1250) mit der von ihm erfunden Folge etwas intensiver befassen. Wir definieren

$$F_1 := 1; \quad F_2 := 1; \quad F_{n+1} := F_n + F_{n-1}$$

Diese Zahlen heißen Fibonacci–Zahlen.

Aufgaben:

68. (a) Berechne die ersten 300 Fibonacci–Zahlen.

   (b) Beweise: $F_1 + F_3 + \ldots F_{2n+1} = F_{2n+2}$.

   (c) Beweise: $1 + F_1 + F_2 + \ldots F_n = F_{n+2}$.

   (d) F_n ist genau dann gerade, wenn n durch 3 teilbar ist.

   (e) F_n ist genau dann durch 4 teilbar, wenn n durch 6 teilbar ist.

   (f) F_n ist genau dann durch 5 teilbar, wenn n durch 5 teilbar ist.

   (g) F_n ist genau dann durch 7 teilbar, wenn n durch 8 teilbar ist.

   (h) Ist n durch m teilbar, so ist auch F_n durch F_m teilbar.

   (i) Zeige: $F_{n+1} \cdot F_{n-1} - F_n^2 = (-1)^n$

   (j) Zeige: Die Folge $a_n := \dfrac{F_{2n}}{F_{2n-1}}$, $n \geq 1$ ist monoton wachsend, $b_n := \dfrac{F_{2n-1}}{F_{2n-2}}$, ist monoton fallend und es ist $a_n \leq b_n$ für alle $n \in \mathbb{N}$.

69. Die Prozedur **plus** liefert eine Möglichkeit zum Verdoppeln, da bekanntlich $2a = a + a$ ist.

   (a) Berechne 2^n für $n \leq 200$.

   (b) Wenn du die in (a) berechneten Zahlen ansiehst, so stellst du fest, dass die einzigen Zweier–Potenzen, die aus lauter gleichen Ziffern bestehen 2, 4, 8 sind. Beweise, dass das für alle $n \in \mathbb{N}$ gilt.

   (c) Gibt es eine zweistellige Zahl X so, dass $2^n = XXXXX\ldots X$ ist?

   (d) Beweise: 2^n ist für $n \geq 4$ niemals periodisch.

70. Entwickle eine Funktion **Minus(a,b:ziffern):ziffern;**

71. Wir erklären folgendermaßen zwei Folgen:

$$u_0 := 0; \quad u_1 := 1; \quad u_n := 3 \cdot u_{n-1} - 2 \cdot u_{n-2}$$

$$v_0 := 2; \quad v_1 := 3; \quad v_n := 3 \cdot v_{n-1} - 2 \cdot v_{n-2}$$

(a) Berechne die ersten 200 Glieder jeder Folge.

(b) Zeige: $u_n = 2^n - 1$ und $v_n = 2^n + 1$ für alle $n \in \mathbb{N}$.

(c) Berechne nun stellengenau $2^{607} - 1$. Das ist eine sogenannte Mersennesche Primzahl.

72. Wir erinnern uns an die sogenannte fastrechtwinklig gleichschenkligen Dreiecke. Wir erklären rekursiv zwei Folgen:

$$x_0 := 3; \quad y_0 := 2; \quad x_{n+1} := 3x_n + 4y_n; \quad y_{n+1} := 2x_n + 3y_n.$$

(a) Berechne x_{100} und y_{100}.

(b) Zeige: Für alle $n \in \mathbb{N}$ gilt : $x_n^2 - 2 \cdot y_n^2 = 1$.

(c) Berechne nun y_n solange bis y_n 1000–stellig ist. Zeige nun, dass der Bruch $\dfrac{x_n}{y_n}$ bis auf 2000 Stellen hinter dem Komma mit $\sqrt{2}$ übereinstimmt. Man müsste ihn nur als Dezimalbruch entwickeln. Dazu etwas später.

Bevor wir unsere Arithmetik mit langen Zahlen verfeinern, sollten wir bedenken, dass das 10er–System mit Sicherheit nicht ideal ist, wenn wir den Computer benutzen wollen. Für jeden Computer gibt es sogenannte Maschinenworte. Das sind beispielsweise beim PC 16stellige Dualzahlen. In Pascal heißen diese Zahlen **word**. Eine longint in Pascal besteht aus zwei **word**. Also wird man letztlich in einem Stellenwertsystem rechnen, in dem jede Stelle aus einem **word** besteht.

Das Schwierigkeit ist, dass wir dann wieder die Zahlen wegen der Lesbarkeit in unser Zahlensystem zurückverwandeln müssen. Wir müssen also unseren Algorithmus **Wandle** für lange Zahlen auslegen. Wir sind gezwungen, im X–adischen System durch 10 zu teilen. Etwas allgemeiner: Wie teilen wir im X–adischen System durch eine Zahl $Y < X$? Machen wir uns es im Sechzigersystem klar.

Die Zahl $55 \cdot 60 + 33$ soll durch 17 geteilt werden. Es ist

$$55 \cdot 60 + 33 \quad = \quad (3 \cdot 17 + 4) \cdot 60 + 33 = 3 \cdot 60 \cdot 17 + 4 \cdot 60 + 3$$

$$4 \cdot 60 + 33 \quad = \quad 16 \cdot 17 + 1$$

$$55 \cdot 60 + 33 \quad = \quad (3 \cdot 60 + 16) \cdot 17 + 1.$$

Der Quotient im Sechzigersystem ist also $3 \cdot 60 + 16$. Bringen wir nun das in unser von der Grundschule her bekanntes Schema. Um die Stellen voneinander zu trennen, schreiben wir einen |. Die Ziffern im 60er–System sind natürlich in unserm gebräuchlichen System geschrieben (da wir dem Leser und uns nicht die Keilschrift zumuten). Es soll die Aufgabe gelöst werden:

$$(55 \cdot 60^2 + 17 \cdot 60 + 33) : 59$$

```
 55|    17|    33  :  59  =  0|  56|  13
  0
─────────────
 55 · 60    +17
 56 · 59
 ─────────────────
         13 · 60   +33
         13 · 59
         ──────────────
                  46
```

Also ist $55 \cdot 60^2 + 17 \cdot 60 + 33 = (56 \cdot 60 + 13) \cdot 59 + 46$. Dieses Verfahren liefert uns eine Möglichkeit, mit Papier, Bleistift und Taschenrechner exakt zu dividieren, obwohl der Rechner den Dividenden gar nicht mehr in seinem Display darstellen kann. Wir wollen es uns noch einmal an einem Beispiel klarmachen, $(9999^4 + 5) : 103 =?$ Im Dezimalsystem bewältigt unser Taschenrechner diese Aufgabe nicht mehr. Also deuten wir die Aufgabe im 9999er– System. Dort berechnen wir den Quotienten und den Rest. Die „Ziffern" im 9999er– System sind als Zahlen in unserm Dezimalsystem geschrieben. Das ergibt:

```
  1|      0|      0|      0|   5  :   103    =
  0                           0|  97|  776|  6212|  9707
──────────────
 1 · 9999    +0
 97 · 103
 ─────────────────
         8 · 9999     +0
         776 · 103
         ─────────────────
                 64 · 9999    +0
                 6212 · 103
                 ─────────────────
                         100 · 9999   +5
                         9707 · 103
                         ──────────────
                                  84
```

Also ist: $9999^4 + 5 = (97 \cdot 9999^3 + 776 \cdot 9999^2 + 6212 \cdot 9999 + 9707) \cdot 103 + 84$. Wer jetzt ein übriges tun will, berechnet mit unserem Algorithmus **Wandle** den Dividenden und den Quotienten im 10er–System. Wir wollen das ganze aber so präzisieren, dass uns diese doch recht ekelhafte Rechnerei der Knecht Computer abnimmt. Es soll eine Maschine zur Verfügung stehen, die $X^2 - 1$ noch stellengenau angibt.

Gegeben sei nun eine Zahl $a_n X^n + a_{n-1} + \ldots + a_0$ im $X-$adischen Stellenwertsystem. Wir definieren

$$q_n := a_n \quad \text{div} \quad Y; \quad r_n := a_n \bmod Y$$

$$q_k := (r_{k+1} \cdot X + a_k) \quad \text{div} \quad Y; \quad r_k := (r_{k+1} \cdot X + a_k) \bmod Y$$

Dabei ist $a \quad div \quad b$ der ganzzahlige Quotient und $a \bmod b$ der Rest der Division. Es gilt dann: $a_n X^n + \ldots + a_1 X + a_0 = (q_n X^n + \ldots + q_0) \cdot Y + r_0$

Beweis: Aus der Definition der Folge q_n und r_n ergibt sich:

$$
\begin{aligned}
& a_n X^n + a_{n-1} X^{n-1} + \ldots + a_0 \\
= & (q_n \cdot Y + r_n) \cdot X^n + a_{n-1} \cdot X^{n-1} + \ldots \\
= & (q_n \cdot X^n) \cdot Y + (r_n \cdot X + a_{n-1}) \cdot X^{n-1} + \ldots \\
= & (q_n \cdot X^n) \cdot Y + (q_{n-1} \cdot Y + r_{n-1}) \cdot X^{n-1} + \ldots \\
= & \ldots \\
= & (q_n X^n + \ldots q_{k+1} X^{k+1}) \cdot Y + \ldots + (r_{k+1} \cdot X + q_k) X^k \ldots
\end{aligned}
$$

Nun ist

$$q_i \cdot Y + r_i = r_{i+1} \cdot X + a_i < r_{i+1} \cdot X + X = (r_{i+1} + 1) \cdot X \leq Y \cdot X$$

für alle $0 \leq i \leq n$.

Daher muss $q_i < X$ sein. Der Quotient ist also im $X-$adischen System dargestellt.

Übersetzt in Pascal– Prozeduren sieht das folgendermaßen aus:

```
const basis = 256×256;
  lmax   = 20;
  dezi:array[0..9] of char=('0','1','2','3','4','5','6','7','8','9');
type ziffern = array[0..lmax] of word;
  zahl   = longint;
function gleichnull(a:ziffern):boolean;
  var i:integer;
  begin
  i:=0;
  while (i≤lmax) and (a[i]=0) do i:=i+1;
  if i>lmax then gleichnull:=true else gleichnull:=false;
  end; { gleichnull }
procedure durch(var quotient:ziffern;var rest:word; bas:longint;divisor:word);
```

```
var i:integer;
       x,h:longint;
begin
   rest:=0;x:=bas;
   for i:=lmax downto 0 do
     begin
     h:=quotient[i] + x×rest;
     quotient[i]:= h div divisor;
     rest:=h mod divisor;
     end;
end; { durch }
function dezimal(a:ziffern):string;
var aus:string;
   rest:word;
begin
aus:='';
while not(gleichnull(a)) do
begin durch(a,rest,basis,10);
     aus:=dezi[rest]+aus;
   end;
```

- Die Funktion **Gleichnull** gibt den Wahrheitswert true aus, wenn die
  große Zahl 0 ist, andernfalls false.

- Die Procedure **Durch** teilt den Dividenden durch den Divisor. Der
  Quotient wird in der Variablen quotient abgeliefert, der Rest in der
  Variablen rest. Das Ganze findet im Stellenwertsystem mit der Basis
  bas statt. Dabei muss der Divisor kleiner als die Basis sein.

- Die Funktion **Dezimal** wandelt die dicke Zahl in einen Dezimalstring
  um. Der darf nicht mehr als 255 Stellen beanspruchen.

Aufgaben:

73. Berechne mit Bleistift und Taschenrechner:

   (a) $(13^{10} + 7) : 11$ $(19^{19} + 18) : 13$

   (b) $(13^n + 13^{n-1} + \ldots + 13 + 1) : 11$

74. (a) Erstelle eine Liste der ersten 100 Fibonacci-Zahlen. Welche dieser Zahlen sind durch 7 teilbar? Vermute und beweise.

    (b) Welche Fibonacci-Zahlen sind durch $8, 9, 10, 12 \ldots 20$ teilbar? Die Vermutung soll jeweils bewiesen werden.

    (c) Welche Fibonacci-Zahlen sind durch $2, 2^2, 2^3, \ldots 2^n$ teilbar?

    (d) Welche Fibonacci-Zahlen sind durch $3, 3^2, 3^3, \ldots 3^n$ teilbar?

    (e) Welche Fibonacci-Zahlen sind durch $5, 5^2, 5^3, \ldots 5^n$ teilbar?

75. Schreibe folgende Funktionen und Proceduren

    (a) **Function groesser(a,b:ziffern):boolean;**
        Sie soll true ausgeben, wenn a größer als b ist, andernfalls false.

    (b) **Procedure Mal(Var a:ziffern;b:word);.**
        Diese Procedure soll die lange Zahl mit einem Wort multiplizieren. Berechne mit diesem Hilfsmittel 100! stellengenau.

Das schwierigste Problem bei der Langzahlarithmetik ist die Division zweier langer Zahlen. Nicht umsonst wurde in früheren Jahrhunderten die schriftliche Division erst an der Universität unterrichtet. Wir wollen uns wieder Rat bei den Ägyptern holen und im Zweiersystem dividieren. Es soll zu jedem gegebenem a und b der Quotient q und der Rest r ausgerechnet werden. Also sieht auf jeden Fall der Prozedurkopf folgendermaßen aus:

procedure Ldiv(var quot,rest:ziffern;a,b:ziffern);
Der angewendete Grundgedanke ist relativ einfach. Wir bestimmen die größte Zahl k so, dass $2^k \cdot b \leq a$. Dann ist q mindestens 2^k. Wir setzen also $q := 2^k$. Mit dem Rest $a - 2^k \cdot b$ verfahren wir genauso und addieren den ermittelten Quotienten zu q usw. Wir wollen aber keine überflüssigen Multiplikationen durchführen und dieses größte k nicht jedesmal neu ermitteln. Deswegen müssen wir den Algorithmus verfeinern.

• Ist $b > a$, so ist unsere Aufgabe einfach. Dann ist $q = 0$, $r = a$, und wir sind fertig.

• Ansonsten bestimmen wir die kleinste Zahl k, so dass $2^k \cdot b > a$ ist. k ist übrigens mindestens 1. Wir setzen $i := k, c_i := 2^i \cdot b, q_i := 0$ und $r_i := a$. Dann erklären wir induktiv für alle $0 < i < k$:

    1. $i := i - 1$;

2. $c_i := c_{i+1}$ div 2.

3. Ist $c_i \leq r_{i+1}$, so setzen wir $r_i := r_{i+1} - c_i$ und $q_i := q_{i+1} \cdot 2 + 1$, andernfalls $r_i := r_{i+1}$ und $q_i := q_{i+1} \cdot 2$.

- Ist $i = 0$, so sind wir fertig.

Behauptung: Bei diesem Algorithmus gilt für alle $0 \leq i \leq k : a = q_i \cdot c_i + r_i$ und $r_i < c_i$.

Beweis: Wir beweisen das durch „Induktion von oben". Ist $i = k$, so sind wir fertig. Ist $0 \leq i < k$ so gilt: $a = c_{i+1} \cdot q_{i+1} + r_{i+1}$

1. $c_i \leq r_{i+1}$: Dann folgt: $a = c_{i+1} \cdot q_{i+1} + r_{i+1} = c_i \cdot 2 \cdot q_{i+1} + c_i + (r_{i+1} - c_i) = (q_{i+1} \cdot 2 + 1)c_i + r_i = q_i \cdot c_i + r_i$. Außerdem ist $r_{i+1} < c_{i+1}$, daher: $r_{i+1} - c_i = r_{i+1} - \frac{c_{i+1}}{2} < \frac{c_{i+1}}{2}$. Das heißt: $r_i < c_i$.

2. $c_i > r_{i+1}$: Dann ist $a = c_{i+1} \cdot q_{i+1} + r_{i+1} = c_i \cdot (2 \cdot q_{i+1}) + r_i = c_i \cdot q_i + r_i$ und $r_i < c_i$ ist ja vorausgesetzt.

$\square$

Ein Pascal Programm hierzu sieht folgendermaßen aus:

```
procedure Ldiv(var quot,rest : ziffern;a,b:ziffern);
var k : zahl;
begin
  quot:=wordinziffern(0);rest:=a;
  if kleiner(rest,b) then exit;
  k:=0;
  while not(kleiner(a,b)) do
  begin
    mal2(b);k:=k+1;
  end;
  repeat
    k:=k-1;
    durch2(b);
    mal2(quot);
    if not(kleiner(rest,b)) then
    begin
  minus(rest,b);
  linc(quot,1);
    end;
  until k=0;
end; { ldiv }
```

In dem Text wird von folgenden Prozeduren Gebrauch gemacht, die wir bisher noch nicht erstellt haben.

1. **function kleiner(a,b:ziffern):boolean;** Diese Funktion ergibt den Wahrheitswert **true** , wenn $a < b$ ist andernfalls **false**.

2. **procedure Mal2(Var b:ziffern);** Diese Prozedur multipliziert die Zahl b mit 2 und liefert das Ergebnis unter b ab. b wird also verändert.

3. **durch2(Var b:ziffern);** Diese Prozedur teilt eine lange Zahl b durch 2.

4. **linc(var a:ziffern; b:zahl);** Diese Prozedur erhöht a um die Zahl b.

Diese Prozeduren sind leicht zu schreiben, und wir überlassen das dem Leser.

Aufgaben:

76. Was muss an dem Divisionsverfahren geändert werden, wenn wir beispielsweise im Hexadezimalsystem rechnen?

77. Unser Verfahren lässt sich in mehrfacher Hinsicht beschleunigen. So sollten eigene Verfahren zum Verdoppeln und zur ganzzahligen Division durch 2 verwendet werden. Es müssten also eigene Proceduren geschrieben werden, die ausnützen, dass der Rechner besonders schnell mit 2 rechnen kann. Führe das durch.

2.4 Der größte gemeinsame Teiler

Zwei Zahlen haben stets einen gemeinsamen Teiler, nämlich 1. Also ist die Menge aller gemeinsamen Teiler nichtleer. Außerdem ist sie natürlich nach oben beschränkt, also endlich. Daher gibt es nach dem Prinzip vom Maximum einen größten gemeinsamen Teiler.

Definition 2.1 a, b sind natürliche Zahlen. Der größte gemeinsame Teiler von a und b wird mit $\mathrm{ggT}(a, b)$ abgekürzt

Beispiel: $\mathrm{ggT}(123123, 555555) = 3003$.

Es ist natürlich beruhigend zu wissen, dass es den ggT gibt. Aber noch schöner wäre es zu wissen, wie man ihn auch tatsächlich findet. Ich weiß zwar, dass es auf meinem Schreibtisch unter Zetteln und Zeitungen vergraben einen Radiergummi gibt. Aber ich kenne keinen schnellen Algorithmus, keine Methode, die es erlaubt, in kurzer Zeit den Radiergummi zu finden.

Wie finde ich beispielsweise den $\text{ggT}(955354721, 330435)$? Um alle Teiler von a hinzuschreiben und dann den größten zu finden, muss ich erst alle haben, und das können recht viele sein. Besser ist es zu überlegen und sich an den Satz über das Teilen mit Rest zu erinnern. Es ist $a = qb + r$. Ist also d der ggT von a und b, so teilt d auch $r = a - q \cdot b$. Also ist d ein Teiler von b und r. Umgekehrt teilt jeder Teiler von b und r auch a und ist also $\leq d$. Daher ist $d = \text{ggT}(b, r)$. Wir haben also das Problem reduziert auf die Suche nach $\text{ggT}(b, r)$. Jetzt ist es klar, wie man weitermachen muss.

	Beispiel: $\text{ggT}(955354721, 330435)$

```
function ggt(a,b : zahl):zahl;        955354721  =  2891 · 330435 + 67136
var rest : zahl;                         330435  =  4 · 67136 + 61891
begin                                     67136  =  1 · 61891 + 5245
  rest:=b;                                61891  =  11 · 5245 + 4196
  while rest≠0 do                          5245  =  1 · 4196 + 1049
  begin                                    4196  =  4 · 1049 + 0
    rest:=a mod b;
    a:=b;b:=rest;
  end;
  ggt:=a;
end; { ggt }
```

Also ist $1049 = \text{ggT}(955354721, 330435)$. Dieser Algorithmus, den größten gemeinsamen Teiler zweier Zahlen zu finden, ist uralt. Euklid beschreibt ihn in seinem Buch „Die Elemente", Seite 142 ff und 214 ff. Euklid dividiert nur nicht mit Rest, sondern subtrahiert einfach die Größen. Daher heißt dieses Verfahren auch Wechselwegnahme. Wahrscheinlich einer der ersten, der dieses Verfahren so verwendete, wie es in obigem Algorithmus geschildert wurde, war Fibonacci. (Viele Informationen über Fibonacci enthält das Buch von Lüneburg.) Insbesondere bei großen Zahlen ist der euklidische Algorithmus wesentlich schneller als das Verfahren, welches wir in der 5. Klasse gelernt haben.

Aufgaben:

78. Bestimme mit der Methode von Euklid den ggT der folgenden beiden Zahlen:

    (a) 1008, 840,   (b) 481, 1755,   (c) 2940, 1617.

79. Kürze und schreibe als gemischte Zahl:

    (a) $\dfrac{3381821}{17759}$ (b) $\dfrac{48529591}{6186818}$

80. Bestimme alle $x \in \mathbb{Z}$ $(x \neq 3)$ so, dass $(x-3)|(x^3-3)$.

81. Bestimme für alle $n \in \mathbb{N}$ (gegebenenfalls mit Fallunterscheidung)

    (a) $\mathrm{ggT}(n, n+1)$,   (b) $\mathrm{ggT}(n, n+2)$,   (c) $\mathrm{ggT}(n, 2n-1)$,

    (d) $\mathrm{ggT}(2n-1, 2n^2-1)$.

82. Um den ggT mit dem euklidischen Algorithmus zu berechnen, sind bei gegebenem a und b eine bestimmte Anzahl von Divisionen erforderlich. Es sei $b = 12$. Ermittle alle a so, dass genau $1, 2, 3 \ldots$ Divisionen erforderlich sind, um den ggT zu bestimmen.

83. Für jede natürliche Zahl n gibt es natürliche Zahlen a_n, b_n, so dass genau n Divisionen notwendig sind, um mit dem euklidischen Algorithmus den ggT zu bestimmen.

Wir wollen ab jetzt in der Menge der ganzen Zahlen $\mathbb{Z}$ rechnen.

Gegeben sind zwei Stäbe. Der eine hat die Länge $a = 15$ cm und der andere die Länge $b = 42$ cm. Können Eva und Adam (Reihenfolge!) mit diesen beiden Stäben ein Seil von genau der Länge 1 m abmessen? Sie werden sich denken:

Probieren schadet nicht. Bald bemerken sie: $2 \cdot 42 + 15 = 99$. Das ist ja schon prima. Vielleicht gibt es noch eine bessere Annäherung? Sie bemühen sich vergeblich. Oder? Nach längerer Überlegung stellen sie die Frage etwas anders. Welche Zahlen sind überhaupt ausmessbar durch die beiden Stäbe? Zum Beispiel $27 = 42 - 15$ oder sogar $42 - 3 \cdot 15 = -3$. Allgemein: Jede Summe oder Differenz zweier ausmessbarer Zahlen ist ausmessbar. Außerdem ist jede ausmessbare Zahl von der Form $x = 42 \cdot a + 15 \cdot b$ mit gewissen Zahlen $a, b \in \mathbb{Z}$. Das heißt, x ist ein Vielfaches von 3. Die Zahl 100 ist also nicht ausmessbar. Sie wissen jetzt mehr als sie anfangs gefragt haben. Genau die Vielfachen von 3 sind durch die Zahlen 42 und 15 ausmessbar.

Betrachten wir die Lösung genauer, so erkennen wir: Der entscheidende Punkt war: 3 ist der ggT$(15, 42)$. Und mit dieser Erkenntnis lässt sich der Lösungsgedanke verallgemeinern. Dazu folgende Schreibweise: Seien $a, b \in \mathbb{Z}$. $a\mathbb{Z} = \{a \cdot x | x \in \mathbb{Z}\}$ und $a\mathbb{Z} + b\mathbb{Z} := \{a \cdot x + b \cdot y | x, y \in \mathbb{Z}\}$.

Aufgabe:

84. Schreibe 10 beliebige Zahlen folgender Mengen auf: $4\mathbb{Z}$, $7\mathbb{Z}$, $4\mathbb{Z} + 7\mathbb{Z}$, $4\mathbb{Z} + 4\mathbb{Z}$, $8\mathbb{Z}$. Welches ist jeweils die kleinste natürliche Zahl in diesen Mengen?

Satz 2.4.1 *Es ist* $d = $ ggT(a, b) *genau dann, wenn* $a\mathbb{Z} + b\mathbb{Z} = d\mathbb{Z}$ *ist.*

Beweis: Wir setzen zunächst voraus, dass $d = $ ggT(a, b) ist. Wir müssen dann zeigen: 1) $a\mathbb{Z} + b\mathbb{Z} \subset d\mathbb{Z}$ und 2) $d\mathbb{Z} \subset a\mathbb{Z} + b\mathbb{Z}$.

1) ist einfach. Denn es ist $a = d \cdot r$ und $b = d \cdot s$ für gewisse r und s in $\mathbb{Z}$. Damit ist $a \cdot x + b \cdot y = d \cdot rx + d \cdot sy = d \cdot (rx + sy) \in d\mathbb{Z}$. für alle $x, y \in \mathbb{Z}$.

2) ist schon schwieriger. Dazu erinnern wir uns an die von Euklid überlieferte und oben besprochene Methode, den ggT(a, b) zu finden.

$$\begin{aligned} a &= b \cdot q_1 + r_1 \\ &\vdots \\ r_{n-1} &= q_n \cdot r_n + d. \end{aligned}$$

Wir zeigen durch Induktion, dass jeder Rest r_k in der Restfolge aus $a\mathbb{Z} + b\mathbb{Z}$ ist. Für $r_1 = a + (-q_1) \cdot b$ ist das sicher richtig. Gelte die Behauptung bis k.

Dann gilt:

$$r_{k-2} = a \cdot x_2 + b \cdot y_2, \quad r_{k-1} = a \cdot x_1 + b \cdot y_1.$$

Damit ist $r_{k-2} = q_k \cdot r_{k-1} + r_k$.

$$r_k = (a \cdot x_2 + b \cdot y_2) - q_k(a \cdot x_1 + b \cdot y_1) = a \cdot (x_2 - q_k x_1) + b \cdot (y_2 - q_k \cdot y_1) \in a\mathbb{Z} + b\mathbb{Z}.$$

Also ist auch der letzte in der Folge auftretende Rest, nämlich ggT(a, b), in $a\mathbb{Z} + b\mathbb{Z}$.

Es bleibt noch zu zeigen: Ist $a\mathbb{Z} + b\mathbb{Z} = c\mathbb{Z}$, so muss $c = $ ggT(a, b) sein. Wir haben schon gezeigt: Ist $d = $ ggT(a, b), so ist $a\mathbb{Z} + b\mathbb{Z} = d\mathbb{Z}$. Sei also $c\mathbb{Z} = d\mathbb{Z}$, so ist insbesondere $c \in d\mathbb{Z}$ und $d \in c\mathbb{Z}$. Also gibt es ein $e \in \mathbb{Z}$ so, dass $c = d \cdot e$ und ein e' so, dass $d = c \cdot e'$. Also ist $c = d \cdot e = c \cdot e' \cdot e$. Daher ist $e = \pm 1$. Setzen wir nun noch c und d positiv voraus, so folgt $e = 1$ und damit $d = c$. $\qquad\square$

Folgerung 2.4.2 *Die Gleichung $c = ax+by$ ist bei gegebenem a, b, c genau dann lösbar, wenn der größte gemeinsame Teiler von a und b auch c teilt.*

Beweis: Sei $c = a \cdot x + b \cdot y$ für gewisse $x, y \in \mathbb{Z}$. Dann ist natürlich $d = \mathrm{ggT}(a, b)$ als Teiler von a und b auch ein Teiler von c. Ist umgekehrt d ein Teiler von c, so gibt es ein $s \in \mathbb{Z}$ mit $c := d \cdot s$. Es gibt weiter $x_1, y_1 \in \mathbb{Z}$ mit $d = a \cdot x_1 + b \cdot y_1$. Daher ist $c = d \cdot s = a(x_1 s) + b(y_1 s)$. $\square$

Satz 2.4.3 (Eigenschaften des ggT) *Es gilt:*

1. $\mathrm{ggT}(a, b) = 1$ *genau dann, wenn es x, y gibt mit $ax + by = 1$.*

2. *Ist d der $\mathrm{ggT}(a, b)$, dann gibt es x, y mit $a = dx$ und $b = dy$ und $1 = \mathrm{ggT}(x, y)$.*

3. *Ist $\mathrm{ggT}(a, b) = 1$ und teilt a die Zahl $b \cdot c$, so teilt a die Zahl c.*

4. *Ist $\mathrm{ggT}(a, b) = 1$ und teilen a und b die Zahl c, so teilt $a \cdot b$ die Zahl c.*

Beweis: 1. ist eine leichte Folgerung aus dem Satz vorher.

2. Ergibt sich aus der Definition des ggT.

Zu 3. Es gibt Zahlen x, y aus $\mathbb{Z}$ mit $1 = a \cdot x + b \cdot y$. Multiplizieren wir mit c, so ergibt sich: $c = axc + (bc)y$. Beide Summanden sind durch a teilbar. Also ist c durch a teilbar.

Zu 4. Es ist $c = ad = be$ für gewisse $d, e \in \mathbb{Z}$. Außerdem ist $1 = ax + by$ für gewisse x und y. Multiplizieren wir die Gleichung mit c, so erhalten wir: $c = axc + byc = axbe + byad = ab(xe + yd)$. $\square$

Zahlen a, b, mit $\mathrm{ggT}(a, b) = 1$ heißen *teilerfremd*.

Wie finde ich nun Zahlen x und y so, dass $d = xa+yb$ ist? Dafür genügt es eigentlich, noch einmal über den euklidischen Algorithmus nachzudenken. In jedem Schritt ist der neu auftretende Rest Summe von Vielfachen von a und b. Wir müssen nur Buch führen über die jeweilige Anzahl von a und b. Zu a und b selber gibt es natürlich solche x und y. Nämlich: $a = 1 \cdot a + 0 \cdot b$ und $b = 0 \cdot a + 1 \cdot b$. Vom Rest findet man nun folgendermaßen das zugehörige x und y. Es gilt:

$$Dividend = xalt \cdot a + yalt \cdot b;$$
$$Divisor = xneu \cdot a + yneu \cdot b$$
$$Dividend = q \cdot Divisor + Rest.$$
$$Rest = (xalt - q \cdot xneu) \cdot a + (yalt - q \cdot yneu) \cdot b.$$

Setzen wir nun nach jeder Division
$$xneu := xalt - xmitte \cdot q;\ yneu := yalt - ymitte \cdot q;$$
$$xalt := xmitte;\ yalt := ymitte;$$
$$xmitte := xneu;\ ymitte := yneu;$$
$$aalt := amitte;\ amitte := aneu;$$
so ist die notwendige Buchführung nach jedem Schritt durchgeführt
Ein Pascal–Programm hierzu sieht folgendermaßen aus:

```
procedure bezout(a,b : zahl;var x,y,ggt:zahl);
var aalt,amitte,aneu,xalt,xmitte,xneu,
   yalt,ymitte,yneu,q: zahl;
begin
   aalt:=a;amitte:=b;xalt:=1;
   xmitte:=0;yalt:=0;ymitte:=1;
   while amitte≠0 do
   begin
      q:=aalt div amitte;
      aneu:=aalt mod amitte;
      xneu:=xalt−xmitte×q;
      yneu:=yalt−ymitte×q;
      xalt:=xmitte;yalt:=ymitte;
      xmitte:=xneu;ymitte:=yneu;
      aalt:=amitte;amitte:=aneu;
   end;
   x:=xalt;y:=yalt;ggt:=aalt;
end; { bezout }
```

Aufgabe:

85. Bestimme den ggT der folgenden beiden Zahlen a und b, sowie zwei Zahlen x und y so, dass $ax + by = d$ ist.

   (a) $60, 35$,   (b) $632, 547$,   (c) $455, 247$,   (d) $16065140, 50883872$

Definition 2.2 Sind a, b zwei natürliche Zahlen, so besitzt die Menge der gemeinsamen Vielfachen ein kleinstes Element. Es heißt kleinstes gemeinsames Vielfache von a und b, abgekürzt kgV(a,b)

Satz 2.4.4 *Das kleinste gemeinsame Vielfache von a und b ist:*
$$kgV(a, b) = \frac{a \cdot b}{\text{ggT}(a, b)}.$$

Beweis: Sei $d = \text{ggT}(a, b)$, dann gibt es x und y so, dass $a = d \cdot x$ und $b = d \cdot y$ ist. Dabei sind x und y teilerfremd. Also ist $\frac{a \cdot b}{d} = d \cdot x \cdot y$ ein Vielfaches von a und b. Sei nun z ein beliebiges Vielfaches von a und b:
$$z = ae = bf = dxe = dyf.$$

Da x und y teilerfremd sind, teilt y die Zahl e. Es gibt also ein h so, dass gilt:
$$z = (d \cdot x \cdot y) \cdot h = \left(\frac{a \cdot b}{d}\right) \cdot h.$$

Also ist jedes andere gemeinsame Vielfache von a und b auch Vielfaches von $\frac{a \cdot b}{d}$. $\square$

Aufgaben:

86. Beweise: Ist $\text{ggT}(m, n) = 1$, dann hat $x^n + y^n = z^m$ Lösungen $x, y, z \in \mathbb{N}$.

    (Hinweis: Behandle zuerst den Fall $m = n + 1$ und verwende dann den Satz 2.4.3.) Verallgemeinerungen?

87. (a) Bestimme alle natürlichen Zahlen $n \in \mathbb{N}$ so, dass $(n + 1) | (n^2 + 1)$.

    (b) Sei $a \in \mathbb{N}$. Kennzeichne alle natürlichen Zahlen so, dass $(n+a) | (n^2+a)$.

    (c) Sei $a \in \mathbb{N}$. Kennzeichne alle natürlichen Zahlen so, dass $(n + a) | (n^2 + na + a^2)$.

88. Bestimme mit der Methode von Euklid den

    (a) $\text{ggT}(2^n + 1, 9)$,   (b) $\text{ggT}(2^n + 1, 27)$,   (c) $\text{ggT}(2^n + 1, 3^m)$.

89. Zeige: Für alle natürlichen Zahlen n ist $\text{ggT}(n^2 - n + 1, 3n^3 + n^2 + n + 2) = 1$.

90. (a) Bestimme den $\text{ggT}(X + 1, X^n + 1)$ in Abhängigkeit von X.

    (b) Bestimme den $\text{ggT}(X^2 + 1, X^n + 1)$ in Abhängigkeit von X und n.

    (c) Bestimme den $\text{ggT}(X + 1, X^{2n} + X^n + 1)$ in Abhängigkeit von X und n.

    (d) Bestimme den $\text{ggT}(X^3 + 1, X^n + 1)$, wenn $n \geq 3$ ist in Abhängigkeit von X.

91. (Bundeswettbewerb 1988, 2. Runde)

    Für die natürlichen Zahlen x und y gelte $2x^2 + x = 3y^2 + y$.

    Man beweise, dass $x - y$, $2x + 2y + 1$, $3x + 3y + 1$ Quadratzahlen sind.

92. (Bundeswettbewerb 1991, 1. Runde) Es sei g eine natürliche Zahl und $f(n) = g^n + 1$ $(n \in \mathbb{N})$. Man beweise, dass für jedes $n \in \mathbb{N}$ gilt:

    (a) $f(n)$ ist Teiler von jeder der Zahlen $f(3n)$, $f(5n)$, $f(7n)\ldots$

    (b) $f(n)$ ist teilerfremd zu jeder der Zahlen $f(2n)$, $f(4n)$, $f(6n)$, $\ldots$.

93. *Das Affenproblem:* Auf einer einsamen Insel haben sich n Seeleute und ein Affe einen Haufen von N Kokosnüssen gepflückt. In der Nacht erwacht einer der Männer und beschließt, den Haufen zu verteilen. Er teilt ihn in n gleiche Teile und gibt eine übrig gebliebene Nuss dem Affen. Nachdem er seinen Anteil versteckt und die übrigen Nüsse zusammengelegt hat, erwacht ein anderer Seemann und wiederholt den Vorgang, wobei der Affe wieder eine restliche Nuss bekommt. Es folgt der dritte Seemann usw. bis jeder seinen vermeintlichen Anteil bekommen hat. Man bestimme alle möglichen Werte von N unter der Annahme, dass am Morgen m Nüsse übrig waren und $n \mid m$ gilt.

Wir haben bisher den ggT zweier Zahlen bestimmt. Du wirst dir sicher leicht überlegen können, lieber Leser, dass auch $3, 4, 5, \ldots$ Zahlen einen größten gemeinsamen Teiler haben. Wie sieht es aber mit unendlich vielen Zahlen aus? Haben auch sie einen größten gemeinsamen Teiler. Oder formulieren wir es im Sinne von Euklid anschaulich geometrisch. Gibt es zu einer unendlichen Menge ganzer Zahlen eine größtmögliche Zahl, die alle Zahlen misst, die durch die Zahlmenge gemessen werden. Sei also etwa $A = \{a_n \mid n \in \mathbb{N}\}$ eine solche unendliche Menge. Dann ist die Menge aller durch irgendwelche Zahlen von A ausmessbaren Zahlen

$= \{a_0 \cdot x_0 + \ldots + a_n \cdot x_n | n \in \mathbb{N}, x_i \in \mathbb{Z}\}$. Diese Menge hat eine wesentliche Eigenschaft: Sind zwei Zahlen aus der Menge, so auch ihre Summe und Differenz. Um unser Ergebnis klarer zu formulieren, definieren wir:

Definition 2.3 Eine nichtleere Menge $U \subset \mathbb{Z}$ heißt Untergruppe, wenn für alle $a, b \in U$ auch $a - b \in U$ ist.

Zum Beispiel ist $U = \{0\}$, $U = 2\mathbb{Z}$, allgemein $U = d\mathbb{Z}$ für alle $d \in \mathbb{Z}$ eine Untergruppe.

Ist $u \in U$ und $z \in \mathbb{Z}$, so ist auch $z \cdot u \in U$

Satz 2.4.5 *In $\mathbb{Z}$ ist jede Untergruppe U von der Form $U = d\mathbb{Z}$. Man sagt: Jede Untergruppe von $\mathbb{Z}$ ist zyklisch.*

Beweis: Ist $U = \{0\}$, so ist $U = 0\mathbb{Z}$, und wir sind fertig. Andernfalls gibt es ein $0 \neq u \in U$. Entweder u oder $-u$ positiv. Die Menge

$$P = \{u | u \in U, u > 0\}$$

ist also nicht leer und enthält wegen des Prinzips vom Minimum ein kleinstes Element m. Sei nun $u \in P$ beliebig. Dann ist $u = q \cdot m + r$ mit $0 \leq r < m$. Dann ist aber $r = u - q \cdot m \in U$, da $q \cdot m \in U$ ist. Weil m das kleinste Element aus P war, muss $r = 0$ sein. Das heißt $u = q \cdot m$. Jetzt folgt direkt $U = m\mathbb{Z}$. $\square$

Aufgaben:

94. Schreibe ein Programm, welches den ggT von n Zahlen ausrechnet.

95. Wir haben im Text behauptet: Ist U eine Untergruppe, $u \in U$ und $z \in \mathbb{Z}$, so ist $z \cdot u \in U$. Beweise das.

96. Aus Satz 2.4.5 folgen die Sätze über den ggT. Mache dir das nochmal klar. Der Beweis verwendet in eleganter Weise das Prinzip vom kleinsten Element. Er gibt aber keine Methode an, den ggT zu finden. Unsere Überlegungen vorher waren also nicht überflüssig.

Verlag Vieweg

Zukunft seit 1786

Vorsprung in Sachen Naturwissenschaften

$$(2x^2y^2 \cdot \cdots \cdot 10 \wedge z^3 - y^2$$

Gleichzeitig bestelle ich zur Lieferung über meine Buchhandlung:

Expl.	Autor und Titel	Preis

Besuchen Sie uns im Internet
www.vieweg.de mit kostenlosem Newsletter

Antwort

Friedr. Vieweg & Sohn
Verlagsgesellschaft mbH
Buchleser-Service / LH
Abraham-Lincoln-Str. 46

65189 Wiesbaden

Ich interessiere mich für weitere Themen im Bereich Naturwissenschaften:

- ❑ Mathematik
- ❑ Informatik
- ❑ Wirtschaftsinformatik

Bitte schicken sie mir kostenlos ein Probeheft der Zeitschrift:

- ❑ Wirtschaftsinformatik
- ❑ DuD
  Datenschutz und Datensicherheit
- ❑ Zeitschrift für Energiewirtschaft
- ❑ Chromatographia

Ich bin:

- ❑ Dozent/in
- ❑ Student/in
- ❑ Praktiker/in

Bitte in Druckschrift ausfüllen. Danke!

Hochschule/Schule/Firma

Institut/Lehrstuhl/Abteilung

Vorname

Name/Titel

Straße/Nr.

PLZ/Ort

Telefon*

Fax*

Geburtsjahr*

Branche*

Funktion im Unternehmen*

Anzahl der Mitarbeiter*

Mein Spezialgebiet*

* Diese Angaben sind freiwillig.

Wir speichern Ihre Adresse, Ihre Interessen-
gebiete unter Beachtung des Datenschutz-
gesetztes.

322 01 005

vieweg

2.5 Das Rechnen mit Kongruenzen

Definition 2.4 Zwei Zahlen $a, b \in \mathbb{N}$ heißen restgleich bezüglich $m \in \mathbb{N}$ genau dann, wenn beim Teilen durch m der gleiche Rest bleibt. Schreibweise: $a \equiv b \bmod m$. Wir sagen: „ a ist kongruent b modulo m".

Beispiele: $19 \equiv 12 \bmod 7$, $23103 \equiv 0 \bmod 453$.

Satz 2.5.1 $a \equiv b \bmod m$ *genau dann, wenn* $(a - b)$ *durch m teilbar ist.*

Beweis: Sei zunächst $a = q_a \cdot m + r$ und $b = q_b \cdot m + r$. Dann ist die Differenz durch m teilbar. Sei umgekehrt die Differenz der beiden Zahlen durch m teilbar und etwa $a = q_a \cdot m + r_a$ und $b = q_b \cdot m + r_b$ mit etwa $r_b \leq r_a$. Dann ist $(a - b) = (q_a - q_b) \cdot m + (r_a - r_b)$. Daraus folgt, dass $(r_a - r_b)$ durch m teilbar ist. Da aber r_a und $r_b < m$ sind, ist $r_a - r_m < m$ und also $r_a - r_b = 0$. Das heißt $a \equiv b \bmod m$.   □

Wir dehnen den Begriff der Kongruenz auf $\mathbb{Z}$ aus.
Definition 2.5 $a \equiv b \bmod m$ genau dann, wenn $(a - b)$ teilbar durch m ist.

Bei Teilbarkeitsuntersuchungen kommt es nur auf die Reste an, die beim Teilen entstehen. Wenn wir durch m teilen, sind folgende Reste möglich:

$$\mathbb{Z}/m\mathbb{Z} := \{0, ..., m - 1\}.$$

In Pascal steht zur Berechnung des Restes beim Teilen durch m der Befehl $a \bmod m$ zur Verfügung.
 Durch die Zuordnung:

$$\mathbb{N} \ni n \mapsto n \bmod m \in \mathbb{Z}/m\mathbb{Z}$$

wird jeder natürlichen Zahl genau eine Zahl aus $\mathbb{Z}/m\mathbb{Z}$ zugeordnet. Diese Funktion wollen wir genauer betrachten, denn sie ist für Teilbarkeitsuntersuchungen von entscheidender Bedeutung.

Satz 2.5.2 *Sei m eine natürliche Zahl.*
 Wir schreiben zur Abkürzung $r(a) := a \bmod m$. Dabei ist $r(a) \in \mathbb{Z}/m\mathbb{Z}$. Dann gilt für alle $a, b \in \mathbb{N}$:

1. $r(a + b) = r(r(a) + b) = r(r(a) + r(b)) = r(a + r(b))$

2. $r(a \cdot b) = r(r(a) \cdot b) = r(r(a) \cdot r(b)) = r(a \cdot r(b))$.

Machen wir uns etwa die zweite Gleichung des 1. Teils noch einmal in Worten klar. Berechnen wir erst die Summe der Zahl und dann den Rest, so erhalten wir dasselbe Ergebnis, wie wenn wir von der Summe der Reste den Rest bilden. Theoretisch müssten also die folgenden beiden Pascal-Anweisungen dasselbe Ergebnis bilden:

s:= (a+b) mod 17 und s:= ((a mod 17) + (b mod 17)) mod 17

Die zweite Anweisung sieht wesentlich schwieriger aus. In der Praxis, bei konkreten Computern, liefern aber beide Anweisungen nicht das gleiche Ergebnis. Versuchen wir es nur mit mit $a = b := 2147483647$. Bei der ersten Anweisung ist die Summe $(a + b)$ zu groß und es kommt zum Überlauf. Also bleibt uns nur die zweite Möglichkeit übrig. Nun aber zum Beweis des Satzes: *Beweis:* Zu 1.: Wir müssen beispielsweise zeigen, dass $r(a + b) - r(r(a) + r(b))$ durch m teilbar ist. Es ist $a = q_a \cdot m + r(a)$ und $b = q_b \cdot m + r(b)$. Wir erhalten: $a + b - (r(a) + r(b)) = (q_a + q_b) \cdot m$. Diese Zahl ist aber durch m teilbar. Daher sind $a + b$ und $r(a) + r(b)$ restgleich. Das heißt $r(a + b) = r(r(a) + r(b))$. Die restlichen Gleichungen sind genauso einfach zu zeigen. Du kannst dich, lieber Leser, daran üben und weitere Beispiele rechnen.

Zu 2.: Genauso.   □

Ich möchte beispielsweise wissen, ob die Zahl $2^{12066} - 1$ durch 7 teilbar ist. Wenn ich jetzt die Potenz ausrechne und dann durch 7 teile, so ist das sehr zeitaufwendig, umweltschädlich (wegen des Papierverbrauchs) und mit Sicherheit verrechne ich mich unterwegs. Das Ergebnis ist also schädlich und unbrauchbar. Andererseits weiß ich, da es viele nachgerechnet haben, dass $2^6 = 64$ und $64 \equiv 1 \bmod 7$. Außerdem ist 12066 durch 6 teilbar: $12066 = 2011 \cdot 6$. Daher: $2^{12066} = (2^6)^{2011}$. Wie wäre es schön, wenn man mit Resten genau so rechnen könnte wie mit Zahlen. Denn dann würde gelten $2^{12066} \bmod 7 \equiv (2^6)^{2011} \bmod 7 \equiv 1^{2011} \bmod 7 \equiv 1 \bmod 7$. Und daher ist $2^{12066} - 1$ durch 7 teilbar. Und siehe da! In der Mathematik ist manchmal die Wirklichkeit genau so schön, wie Adam sie sich wünscht. Wegen Satz 2.5.2 waren alle diese Umformungen richtig. Denken wir noch einmal nach, so stellen wir fest, dass wir in der Menge der Reste $\mathbb{Z}/m\mathbb{Z}$ gerechnet haben.

Definition 2.6 Wir erklären auf $\mathbb{Z}/m\mathbb{Z}$ Rechenarten: $m > 0$ sei eine gegebene natürliche Zahl.

$a +_m b := r(a + b)$, $a \cdot_m b := r(a \cdot b)$.

Zum Trost: Bald werden wir wieder auf den Index m verzichten.

Satz 2.5.3 *Diese Rechenarten erfüllen folgende Gesetze:*

1. *(a) Für alle a, b, $c \in \mathbb{Z}/m\mathbb{Z}$ ist $(a +_m b) +_m c = a +_m (b +_m c)$.*

   (b) Für alle $a \in \mathbb{Z}/m\mathbb{Z}$ ist $a +_m 0 = a$.

   (c) Zu jedem $a \in \mathbb{Z}/m\mathbb{Z}$ gibt es ein $b \in \mathbb{Z}/m\mathbb{Z}$ mit $a +_m b = 0$.

   (d) Für alle a, $b \in \mathbb{Z}/m\mathbb{Z}$ ist: $a +_m b = b +_m a$.

2. *(a) Für alle $a \in \mathbb{Z}/m\mathbb{Z}$ ist $1 \cdot_m a = a$.*

   (b) Für alle a, b, $c \in \mathbb{Z}/m\mathbb{Z}$ ist $a \cdot_m (b \cdot_m c) = (a \cdot_m b) \cdot_m c$.

   (c) Für alle a, b, $c \in \mathbb{Z}/m\mathbb{Z}$ ist: $a \cdot_m (b +_m c) = a \cdot_m b +_m a \cdot_m c$.

   (d) Für alle a, $b \in \mathbb{Z}/m\mathbb{Z}$ ist: $a \cdot_m b = b \cdot_m a$.

Die Beweise sind einfach mit dem Satz 2.5.2: Zum Beispiel $a +_m (b +_m c) = r(a + r(b + c)) = r(a + (b + c)) = r((a + b) + c) = r(r(a + b) + c) = (a +_m b) +_m c$.
Definition 2.7 Wir fassen die Eigenschaften des Satzes 2.5.3 zusammen, wenn wir sagen: $\mathbb{Z}/m\mathbb{Z}$ ist ein kommutativer Ring.

In $\mathbb{Z}/m\mathbb{Z}$ kann genauso gerechnet werden, wie wir es von den ganzen Zahlen her gewöhnt sind. Wenn ich also wissen will, welchen Rest 11390^{25} beim Teilen durch 7 hat, so geht das beispielsweise so: $11390^{25} \equiv 3^{25} \equiv (3^6)^4 \cdot 3 \equiv 3 \bmod 7$. 11390 ist noch nicht ein möglicher Rest, deswegen schreiben wir an der Stelle noch etwas penibel $\equiv 3 \ldots$ Ab dieser Stelle rechnen wir in $\mathbb{Z}/m\mathbb{Z}$ und können das Gleichheitszeichen verwenden. Aus Schlampigkeit schreiben wir wieder $+$ anstelle $+_m$. Wer da sagt, das ginge durch wirkliches Ausrechnen schneller, der lügt.

Folgerung 2.5.4 *Die Zuordnung $r : \mathbb{N} \ni n \mapsto n \bmod m \in \mathbb{Z}/m\mathbb{Z}$ hat folgende Eigenschaften:*
   (a) $r(a + b) = r(a) +_m r(b)$ (b) $r(a \cdot b) = r(a) \cdot_m r(b)$ für alle $a, b \in \mathbb{N}_0$

Beweis: Der Beweis ergibt sich sofort aus der Definition. Oder sind wir ehrlicher: Wir haben die Definition so getroffen, dass dieser Beweis sich von selbst ergibt. □

Definition 2.8 Sei $m > 1$ und $a, b \in \mathbb{Z}/m\mathbb{Z}$. a heißt bezüglich der Multiplikation invers zu b, wenn $a \cdot b = 1$ in $\mathbb{Z}/m\mathbb{Z}$ ist. Man sagt in diesem Fall, a und b sind invertierbar. Ein invertierbares Element heißt Einheit.

Folgerung 2.5.5 *Ist* $\mathrm{ggT}(a, m) = 1$, *dann gibt es zu a ein Inverses bezüglich der Multiplikation in* $\mathbb{Z}/m\mathbb{Z}$.

Schau zum Beweis noch einmal bei Satz 2.4.3 nach. $\qquad\qquad\qquad\qquad\square$

Aufgaben:

97. Zeige:

   (a) $n^3 + 11n$ ist für alle n durch 6 teilbar.

   (b) $n^7 - n$ ist für alle natürlichen Zahlen durch 42 teilbar.

   (c) $12^{512} - 1$ ist durch 4147 teilbar.

   (d) $18^{128} - 1$ ist durch 104975 teilbar.

   (e) 13 teilt $2^{70} + 3^{70}$.

   (f) Für jede natürliche Zahl n ist $5^{2n} + 24n - 1$ durch 48 teilbar.

   (g) Für jede natürliche Zahl ist $5^{6n+1} + 35 \cdot (2n + 1) + 2$ durch 14 teilbar.

   (h) Es gibt unendlich viele Zahlen so, dass 5 Teiler von $4n^2 + 1$ ist.

   (i) Es gibt unendlich viele Zahlen so, dass 13 Teiler von $4n^2 + 1$ ist.

98. (a) Welche Zahlen der Form $4n^2 + 1$ sind durch 3 teilbar?

   (b) Welche Zahlen der Form $4n^2 + 3$ sind durch 7 teilbar?

   (c) Bestimme alle Zahlen n so, dass $19 | (2^{2^n} + 3)$.

   (d) Sei $F_n = 2^{2^n} + 1$. Zeige $F_n | (2^{F_n} - 2)$ für alle $n \in \mathbb{N}$.

99. Stelle die Verknüpfungstafeln auf:

   (a) von $\mathbb{Z}/7\mathbb{Z}$, von $\mathbb{Z}/19\mathbb{Z}$, von $\mathbb{Z}/17\mathbb{Z}$.

   (b) Schreibe ein Programm, welches zur gegebenen Zahl m die beiden Verknüpfungstafeln von $\mathbb{Z}/m\mathbb{Z}$ aufstellt.

   (c) Schreibe ein Programm, welches zu gegeben a, m mit $\mathrm{ggT}(a, m) = 1$ das bezüglich der Multiplikation inverse Element von $a \bmod m$ sucht.

(d) Stelle mit dem Programm oder per Hand eine Inversentabelle modulo
2, 3, 4, 5, 6, 7, 13, 17, 19, 20 auf.

100. (a) Kennzeichne die Zahlen (im Zehnersystem), die aus lauter Einsern
bestehen und durch 7 teilbar sind.

(b) Bestimme die kleinste Zahl, die auf 1992 Einser endet und durch 7
teilbar ist. Berechne den Quotienten.

(c) Zeige: Eine sechsstellige Zahl $abcdef$ ist durch 7 teilbar genau dann,
wenn $5a + 4b + 6c + 2d + 3e + f$ durch 7 teilbar ist.

(d) Verallgemeinere die Regel von vorher auf beliebige Stellenzahl.

(e) Entwickle eine Teilbarkeitsregel für $11, 13, 17, 19, 37$.

101. (a) Die Zahl 1984 schreibe man 1986 mal nebeneinander und lese die so
entstandene Zahl im Dezimalsystem. Das Ergebnis ist durch 17472
teilbar.

(b) Welche Zahlen darf man sechsmal nebeneinanderschreiben und es entsteht eine durch 7 teilbare Zahl?

(c) Gib alle Zahlen der Form $1984\ldots1984$ an, die durch 19 teilbar sind.

(d) Gib auch jeweils den Quotienten an.

102. Gegeben sei die Funktion $f(x) = x^2 + x + 1$.

(a) Für welche natürlichen Zahlen x ist $f(x)$ durch 3 teilbar?

(b) Zeige: $f(x)$ ist für keine natürliche Zahl durch 9 teilbar.

103. Sei nun $f(x) = x^2 - x + 1$. Beantworte die gleichen Fragen wie in der
Aufgabe 102.

104. Sei $f(x) = x^4 + x^3 + x^2 + x + 1$

(a) Für welche x ist $f(x)$ durch 5 teilbar?

(b) $f(x)$ ist niemals durch 25 teilbar.

(c) Zeige: $f(x^5)$ ist auch niemals durch 25 teilbar.

(d) Was kann über x ausgesagt werden, wenn $f(x)$ und $f(x^5)$ den ggT 5
haben?

Einige Überlegungen zum Rechner: Wer sich für Rechner nicht interessiert, lese beim nächsten Absatz weiter. Jeder Computer besitzt ein zentrales Rechenwerk, welches sogenannte Maschinenworte verarbeitet. Diese Maschinenwort ist eine n-stellige Dualzahl. Bei den meisten Prozessoren ist n als eine Zweierpotenz gewählt. Zum Beispiel verarbeitet der 80286-Prozessor 16–stellige Dualzahlen. Der 80386, 80486 und Pentium 32-stellige Dualzahlen. Dieses zentrale Rechenwerk kann in einem Arbeitstakt nur ein Maschinenwort verarbeiten. Jede Arithmetik mit längeren Zahlen muss per Programm, also softwaremäßig, bewerkstelligt werden. Was erhält nun das Rechenwerk eines 16-Bit Prozessors, wenn er zwei Zahlen addiert, deren Summe kein Maschinenwort ist? Nun, er schneidet das Ergebnis vorne einfach ab. Er schreibt also nur den Rest auf, der beim Teilen durch 2^{16} bleibt. In einem speziellen Register (für die Spezialisten: das Carry–Register) registriert er noch für den nächsten Arbeitstakt, dass es zum Überlauf gekommen ist. Das heißt also, ein Computer mit einem n-stelligen Maschinenwort rechnet modulo 2^{2^n}. Du kannst das leicht in Pascal bestätigen, indem du etwa 5^{10} ausrechnest und den Datentyp **word** zugrundelegst. Wenn aber modulo 2^{16} gerechnet wird, so ist etwa $5 + 65531 = 0$. Es ist also sinnvoll, wenn 65531 als -5 gedeutet wird. Genau das tut Pascal, wenn es die Zahlen als integer auf. Alle „Integer" Zahlen, bei denen das führende Bit 1 ist, werden als negativ interpretiert. Entsprechendes gilt für den Datentyp **longint.** Wir sind also nicht mehr überrascht, wenn sich bei $429496 \cdot 10000$ eine negative Zahl ergibt.

Aufgaben:

105. Die Operation not(b) klappt die Bits eines Words und einer longint um. Das heißt, aus einer 0 wird eine 1 und umgekehrt. Teste ob $b + \text{not}(b) + 1 = 0$ für alle b ist. Beweise diese Beziehung auch für ein n-stelliges Maschinenwort.

106. Schreibe ein Programm, welches das k-te Bit einer longint abfragt. Wir beginnen mit dem Zählen bei der letzten Stelle. Das 0-te Bit ist die letzte Ziffer der Dualzahl. (Der Computer liest die Zahlen arabisch.) Erkläre, warum bei negativen longint stets das vorderste Bit gesetzt ist.

107. Die folgende Funktion berechnet $a \cdot b \bmod m$. Studiere die Funktion. Wie groß dürfen a und b höchsetns sein, damit stets das richtige Ergebnis geliefert wird?

```
function malmodp(x,y,m : zahl):zahl;
var prod : zahl;
begin
  prod:=0;
  while y>0 do
  begin
    if (not (odd(y))) then
    begin
  x:=(2×x) mod m; y:=y div 2;
    end
    else begin
  prod:=(prod+x) mod m; y:=y−1;
    end;
  end;
  malmodp:=prod;
end; { malmodp }
```

Wir werden im weiteren Verlauf des Buches so oft modulo m potenzieren, dass wir an dieser Stelle ein Programm angeben, welches für uns diese Arbeit erledigt.

```
function potenzmodp(a,n,m : zahl):zahl;
var p : zahl;
begin
p:=1; a:=a mod m;
  while n>1 do
  begin
    while not(odd(n)) do
    begin
  n:=n div 2;
  a:=malmodp(a,a,m);
    end;
    n:=pred(n); p:=malmodp(p,a,m);
  end;
  potenzmodp:=p;
end; { potenzmodp }
```

Diese Funktion berechnet die n-te Potenz von a modulo m.

Aufgaben:

108. Teste an selbstgewählten Beispielen die Funktion **PotenzmodP**

109. Wir erklären den Datentyp Polynom folgendermaßen:

     const gradmax = 15

     type polynom = array[0..gradmax] of word; Schreibe folgende

     function Auswertung(f:polynom;a,m word):word;

     Es soll $f(a)$ mod m ausgerechnet werden. Überläufe sollen dabei vermieden werden.

110. Es ist jetzt nicht mehr allzu schwer, folgende Prozeduren zu schreiben. Damit haben wir dann schon ein ganz brauchbares Werkzeug, um große Zahlen zu untersuchen.

     (a) Schreibe eine Prozedur **Lmod(var rest:ziffern;a,b:ziffern)** ;
         Sie soll in der Variablen rest den Rest der Division von a durch b abliefern. Es ist eine Vereinfachung von Ldiv. Siehe Abschnitt 2.3 auf Seite 44.

     (b) Schreibe eine Prozedur **LmalmodP(Var erg:ziffern;a,b,p:ziffern);**
         Sie soll in erg $a \cdot b$ mod p abliefern. Verwende die ägyptische Methode.

     (c) Schreibe die Prozedur

         LpotenzmodP(var erg:ziffern,a,n:ziffern);Sie berechnet a^n mod p und liefert das Ergebnis in erg ab. Siehe PotenzmodP auf Seite 61

2.6   Ein wenig Geheimniskrämerei

Wir sprechen oder schreiben um Botschaften auszutauschen. Aber nicht immer sollen alle Mitmenschen unsere Mitteilungen verstehen. Seit Kain und Abel ist besonders das Militär darauf bedacht, dass der Freund die Nachrichten leicht liest, aber der böse Feind sich in einem unentwirrbaren Zeichenknäuel verstrickt. Die Nachrichtenabteilungen erdachten, und erdenken immer komplexere Geheimschriften. Auch für Banken und Firmen, die ihre Waren im Internet anbieten werden Geheimschriften immer wichtiger. Nur Berechtigte dürfen auf ein Netzwerk zugreifen. Das heißt sie müssen sich durch ein Passwort ausweisen. Dieses Passwort darf keiner lesen, der zufällig oder auch mit böser Absicht meinen Nachrichtentausch etwa mit der Bank im Netz anschaut. Das heißt, das Passwort muss verschlüsselt werden. Je wichtiger die Verschlüsselung wird um so mehr Hacker versuchen die Codes zu knacken. In dieser Rüstungsspirale der Geheimnistuerei und der Aufklärer wuchs die Kryptographie, das ist das griechische Wort für Geheimschrift, zu immer größerer Bedeutung.

Als Anwendung des Rechnens mit Kongruenzen wollen wir eine Verschlüsselungsmethode schildern. Schon Caesar benutzte davon eine Variante. Wir setzen vereinfachend voraus, dass unsere Texte aus folgenden Grundzeichen den „Buchstaben" zusammengesetzt sind.

1. Den Ziffernzeichen $\{0, 1, 2, \ldots, 9\}$.

2. Den Großbuchstaben mit Umlauten $\{$ A,B,$\ldots$ Z,Ä,Ö,Ü$\}$

3. Für das Satzende den Punkt „." und ganz wichtig das Blank, die Leerstelle „ " um Worte zu trennen.

Insgesamt sind das 41 Buchstaben. Diese Zeichen nummerieren wir von 0 bis 40 durch, so dass jedem Buchstaben genau eine Zahl aus $\{0, \ldots, 40\}$ entspricht und umgekehrt. Wir erhalten die folgende Tabelle:

0	1	...	A	...	Z	Ä	Ö	Ü	.	
0	1	...	10	...	35	36	37	38	39	40

Nun verschlüsseln wir wie Caesar.

1. Ist ein Buchstabe gegeben, so ermitteln wir die Nummer des Buchstaben.

2. Zur Nummer des Buchstaben wird 3 addiert. Da auch die Buchstaben mit den Nummern 38,39,40 jeweils einen zugehörigen Geheimbuchstaben erhalten berechnen wir durch die Funktion V die Nummer des Geheimbuchstabens:

$$V : \mathbb{Z}/41\mathbb{Z} \ni x \mapsto V(x) := (x + 3) \bmod 41 \in \mathbb{Z}/41\mathbb{Z}$$

3. An die Freunde in Rom schickt Caesar den Buchstaben mit der Nummer $V(x)$. Aus dem Satz: GALLIA EST OMNIS DIVISA IN PARTES TRES

wird der Satz:

JDOOLD2HVW2RPQLV2GLYLVD2LQ2SDUWHV2WUHV

Sieht ganz schön geheim aus, oder?

4. Die Freunde in Rom entschlüsseln den empfangenen Buchstaben indem sie die Entschlüsselungsfunktion

$$E : \mathbb{Z}/41\mathbb{Z} \ni y \mapsto (y + 38) \bmod 41$$

auf y anwendet.

Diese Methode kann leicht verallgemeinert werden. Angenommen das Alphabet hat m Zeichen. Zum Beispiel hat der erweiterte ASCII Zeichensatz
256 Zeichen. Wir verschlüsseln nach der Vorschrift:

$$V : \mathbb{Z}/m\mathbb{Z} \ni x \mapsto (a \cdot x + t) \bmod m$$

Dabei muss a eine zu m teilerfremde Zahl sein. Denn der Empfänger muss
ja wieder die Nachricht im Klartext lesen können. Dies ist nur möglich,
wenn die Funktion V bijektiv ist. Das heißt: Zu jedem $y \in \mathbb{Z}/m\mathbb{Z}$ gibt
es genau ein $x \in \mathbb{Z}/m\mathbb{Z}$ mit $V(x) = y$. Ist a teilerfremd zu m so gibt es
wegen der Folgerung 2.5.5 ein bezüglich der Multiplikation zu a inverses
Element $a^{-1} \in \mathbb{Z}/m\mathbb{Z}$. Diese Zahl können die Freunde in Rom ausrechnen.
Erhalten sie das Zeichen y., so brauchen sie nur die Gleichung

$$y = a \cdot x + t \bmod m$$

nach x aufzulösen. Es ergibt sich:

$$x = \left(a^{-1} \cdot (y + m - b)\right) \bmod m.$$

Wer sich genauer mit den Abbildungen der Art unserer Verschlüsselungsfunktion, sie heißen lineare Kongruenzen, befassen will studiere das
Buch von Forster [For96]Seite 72 ff. Diese Abbildungen spielen eine große
Rolle bei der Konstruktion von Pseudo Zufalls Generatoren. Die geschil-
derte Chiffriertechnik ist allerdings nicht sehr sicher. Man kann den Code
knacken, wenn man ihn mit statistischen Methoden angeht und die rela-
tive Häufigkeit der Buchstaben zählt. Eine detaillierte Einführung in die
Kryptographie sind die Bücher von A.Beutelspacher.

Aufgaben:

111. Chiffriere die Wörter MATHEMATIK und ZAHLENTHEORIE wie eben
beschrieben mit

(a) $a = 1, t = 10$,   (b) $a = 10, t = 1$,   (c) $a = t = 11$.

Berechne die Dechiffrierformeln!

112. (a) Die Verschlüsselungsfunktion $V : \mathbb{Z}/41\mathbb{Z} \ni x \mapsto 3 \cdot x + 2 \bmod 41 \in$ $\mathbb{Z}/41\mathbb{Z}$ erhält Worte. Das heißt im Geheimtext stehen die Blanks an genau den Stellen, wo sie im Original standen. Beweise das.

(b) Wie muss in der Funktion $V : \mathbb{Z}/41\mathbb{Z} \ni x \mapsto 5 \cdot x + t \bmod 41 \in \mathbb{Z}/41\mathbb{Z}$ die Zahl t gewählt werden, damit beim Verschlüsseln Worte erhalten bleiben.

(c) Wie muss in der Funktion $V : \mathbb{Z}/41\mathbb{Z} \ni x \mapsto a \cdot x + 5 \bmod 41 \in \mathbb{Z}/41\mathbb{Z}$ die Zahl a gewählt werden, damit beim Verschlüsseln Worte erhalten bleiben.

(d) Man weiß etwa von einer Verschlüsselung, dass sie eine lineare Kongruenz ist. Wieviel Gegenstands, Bildpaare muss man mindestens wissen, um die Entschlüsselung berechnen zu können.

113. Buchstabenpaare AA, AB,... können verschlüsselt werden, indem jedem Paar genau eine Zahl aus $\mathbb{Z}/41 \cdot 41\mathbb{Z}$ zuordnet und dann eine entsprechende Verschlüsselungstechnik auf die Buchstabenpaare anwendet. Ist die Anzahl der Buchstaben ungerade, so fügt man einfach etwa noch ein A hinten an.

(a) Chiffriere einige Worte mit dieser Methode.

(b) Schreibe ein Verschlüsselungs– und Entschlüsselprogramm.

In natürlichen Sprachen kommen die einzelnen Buchstaben nicht gleich oft vor. Zählt man lange, verschiedenartige, deutsche Texte aus, so ergibt sich im allgemeinen ziemlich genau folgende Häufigkeitsverteilung der Buchstaben (in Prozent).

e	n	i	s	r	a	t	d	h	u	l
17,4	9,8	7,6	7,3	7,0	6,5	6,2	5,1	4,8	4,4	3,4

g	m	o	b	w	f	k	z		..	..
3,0	2,5	2,5	1,9	1,9	1,7	1,2	1,1	< 0.01		

114. Nimm einen Lektüretext aus dem Deutschunterricht, wähle einige Seiten aus und zähle die Buchstabenhäufigkeit. Vergleiche mit obiger Tabelle.

115. Verfeinere die Untersuchung zur vorigen Aufgabe, indem du ein Programm schreibst. Untersuche damit Texte aus dem Internet.

116. Eine Chiffrierung heißt monoalphabetisch, falls jeder Buchstabe des Alphabets stets zu demselben Geheimtextzeichen verschlüsselt wird und verschiedene Buchstaben auch verschiedenen Zeichen zugeordnet werden.

(a) Beispielsweise ist

$$V : \mathbb{Z}/41\mathbb{Z} \to \mathbb{Z}/41\mathbb{Z}, n \mapsto an + t \quad \mathrm{ggT}(a, 41) = 1$$

eine monoalphabetische Chiffrierung. Ist auch jede monoalphabetische Chiffrierung „im Prinzip" von dieser Form? Wie viele monoalphabetische Chiffrierungen gibt es, wenn die Geheimzeichen wieder die 41 Buchstaben sein sollen? Wie viele Zuordnungen $V : \mathbb{Z}/41\mathbb{Z} \to \mathbb{Z}/26\mathbb{Z}, n \mapsto an + t$, $\mathrm{ggT}(a, 41) = 1$, gibt es?

(b) Dechiffriere mit Hilfe statistischer Analyse den folgenden deutschen Text (monoalphabetische Verschlüsselung)

„2ZVF. 93 AWTAVF 1MNZÖ M93M3 ZBTÜZ45 IA3 92Ö

FM3 5PM9 Z3FMVM M3ÄU9Ü82M HVATMÜÜAVM3

B3ÄMUMÜM3 5BVQ8NÄMÜ8298N4 2Z44M3

PM9U MV ÜA B31M2AUTM3 B3F ZÖZ4MBV2ZT4 ÄMÜ82V9M1M3

PZV 2ZVF. UZÜ 923

Ü9M 2AU4M3 VZÖZ3BGZ3 Ö944M3 9Ö NV9MÄ 3Z82 M3ÄUZ3FX

Der Text ist für Mathematiker, speziell Zahlentheoretiker, besonders interessant. Daher geben wir am Ende dieses Aufgabenblocks den Text des ganzen Abschnitts wieder. Es handelt sich um einen Auszug aus dem autobiographisch gefärbten Roman „Wollsachen " des schwedischen Autors Lars Gustaffson (dtv 1273).

(c) Versuche zu entschlüsseln (monoalphabetische Chiffrierung). Warum versagt bei diesem deutschen Text – zunächst – die statistische Analyse?

RWU UWCR ÄOW7PÖ XO9W ZX7 XZ47 FU 4F1AÄ WU

61AÜC74WOW7 AU0 61AF74 ÜXU6F74Ö 47FOO W44

RWU DX1 4FÜC CFU 4FOO AU0 GX17OX4Ö RWU

47VCU7Ö RWU SÜCP7Ö RWU L1W7P7

4FÜCÖ FÜC LXRR3 0W UFÜC7 RF7 4W97 XO9W

(aus: Georges Perec, Anton Voyles Fortgang, rororo 12857)

117. Überlege eine einfache Möglichkeit, wie man erreichen kann, dass alle Geheimzeichen die gleiche Häufigkeit haben und so statistische Analyse unmöglich wird. (Hinweis: Einem Buchstaben werden mehrere Zeichen zugeordnet. Welchem Buchstaben wird wohl die größte Anzahl der Zeichen zugeordnet?)

118. Beschaffe Dir weitere Informationen über Ramanujan, zum Beispiel aus dem berühmten Buch von Douglas Hofstadter: „Gödel, Escher, Bach" oder aus dem Buch von Kanigel.

119. Jeder Text hat eine bestimmte Anzahl von Buchstaben. Wir bezeichnen diese Anzahl mit *Laenge*. Jeder Buchstabe steht auf einem bestimmten Platz mit etwa der Nummer i. Wir wählen nun ein zur Länge des Textes teilerfremdes m und ein beliebiges t. In der verschlüsselten Nachricht erhält nun der Buchstabe auf dem Orginalplatz i den Platz

$$j := (m \cdot i + t) \bmod Laenge.$$

   (a) Bestimme m und t derart, dass die Verschlüsselung einfach die Reihenfolge der Buchstaben umkehrt. (Etwa bei deinem Namen.)

   (b) Zeige experimentell mit dem Computer folgendes:

   Ist V die Verschlüsselung, und wendet man sie wiederholt auf die verschlüsselte Nachricht an, so entsteht irgendwann wieder die ursprüngliche Nachricht. Es gibt also ein kleinstes $n \in \mathbb{N}$, so dass $V^n = $ Id ist.

   (c) Versuche die erstaunliche Tatsache aus Aufgabe (b) zu beweisen. Es ist seltsam: Gehen wir in einer endlichen Welt genügend lange fort, so kommen wir zum Ausgangspunkt zurück.

120. Wir wollen dieselbe Verschlüsselung auf Bilder anwenden. Der Bildschirm unseres Computers hat horizontal (je nach Ausstattung) 800 Bildpunkte. Dem i-ten Bildpunkt in jeder Zeile wird nun folgendermaßen sein neuer Platz zugeordnet:

$$j := (7 \cdot i + 33) \bmod 800.$$

   (a) Male ein schönes Bild und verschlüssele es.

   (b) Bestimme das kleinste n, für das $V^n = $ Id ist.

   (c) Erfinde andere Bildverschlüsselungen.

Zu dem versprochenen Abschnitt aus dem Roman „Wollsachen":

Hardy in Oxford bekam einen Aufsatz von ihm, den zwei andere englische Professoren ungelesen zurückgeschickt hatten, weil er so unbeholfen und amateurhaft geschrieben war.

Hardy las ihn.

Sie holten Ramanujan mitten im Krieg nach England. Die Übersiedlung bekam ihm nicht recht, und er starb bald darauf an Tuberkulose, aber vorher hat er es geschafft, in der modernen Mathematik einige Veränderung zu bewirken.

Das Eigenartigste daran war, dass er sich in der Mathematik kaum auskannte. Hardy musste ihm alles beibringen. Er musste sozusagen das, was Ramanujan über das Zahluniversum wusste, in eine mathematische Sprache übersetzen. Davon, wie man es ausdrückt, hatte er nicht besonders viel Ahnung.
- Aber wie konnte er dann ein großer Mathematiker sein, sagte sie.
- Als er schon auf dem Totenbett lag, kam Hardy einmal zu Besuch. Mein Taxi hatte so eine blöde Nummer, sagte er, 1729.
Nein Hardy, sagte Ramanujan. Das ist keine blöde Zahl. Das ist die kleinste Zahl, in der die Summe der Rauminhalte zweier Würfel auf zwei verschiedene Arten ausgedrückt werden kann.
Es gibt viele bessere Chiffrierverfahren, die mehr Mathematik benutzen. Wir wollen später auf einige solche Verfahren zurückkommen. Verfeinerungen der „Caesarverschlüsselung" finden sich etwa in dem Buch von Rosen, „Elementary Number Theory and Its Applications".

2.7 Primzahlen

Jede ganze Zahl hat Teiler. Die Zahl 1 hat nur einen, nämlich sich selbst. Die Zahl 12 hat schon recht viele. Die Menge ihrer Teiler ist $T_{12} = \{1, 2, 3, 4, 6, 12\}$. Viele Zahlen sind nur teilbar durch sich selbst und 1. Sie sind die Atome im Reich der Zahlen. Sie können nur auf banale Art und Weise zerlegt werden. Nämlich $5 = 1 \cdot 5$, $17 = 1 \cdot 17$, $1013 = 1 \cdot 1013$
Definition 2.9 Eine Zahl $p > 1 \in \mathbb{N}$ heißt Primzahl, wenn sie genau zwei Teiler hat, nämlich 1 und sich selber.

Wie findet der Zahlenfreund Primzahlen? Um das zu erfahren, versetzen wir uns gedanklich in die Zeit um 246 v. Chr. und besuchen die antike Universitätsstadt Alexandria. Der Direktor der einzigartigen Bibliothek, Eratosthenes, weiß Rat. Wir wollen den Herrn Professor kurz vorstellen. In der griechischen Stadt Kyrene an der Nordküste Afrikas wurde er um 284 v. Chr. geboren. Er ist etwas jünger als sein weltbekannter Kollege aus Syrakus, Archimedes. Er studierte am weltbesten Forschungsinstitut der Antike, dem „Museion", und in Athen. Hier wurde er philosophisch zu einem Platoniker. Der Herrscher Ägyptens, der dritte Ptolomäer Ptolomaeus Euergetes, berief ihn als Leiter der Bibliothek nach Alexandria. Hier war die richtige Stelle des Universalgelehrten. Seine Hauptarbeitsgebiete sind Literatur und Grammatik. Aber auch in Ethik veröffentlichte er ein Werk über „Gut und Böse". Sein Rat ist selbst bei den Theologen, den Priestern gefragt. Ihr Kalender war völlig durcheinandergeraten. Bestimmte religiöse Feste, die eigentlich im Frühjahr stattfinden sollten, fielen in den Herbst. Er veröffentlichte eine Schrift über Chronologie und schlug dort vor, alle vier Jahre ein Schaltjahr einzuführen. Die Priester konnten aufatmen. Denn ab jetzt blieben die religiösen Feste einigermaßen im Jahresablauf gleich. Als einer der ersten besaß er den Mut, die Hypothese der Pythagoräer, dass die Erde eine Kugel sei, ernst zu nehmen. Er vermaß den Umfang der Erde mit einfachen und doch raffinierten Mitteln. Vergleicht man den heutigen Wert mit dem Ergebnis des antiken Professors, so hat er sich nur um 13% geirrt. Eratosthenes ist natürlich auch an der Königin der Wissenschaften, der Zahlentheorie, interessiert.

Bei einem Spaziergang am Strand schlägt er folgendes Verfahren zum Finden von Primzahlen vor. Ein Bibliotheksdiener (damals wahrscheinlich ein Sklave) schreibt alle Zahlen von 2 bis 10000 in den Sand. Wir haben Zeit und können inzwischen den Erläuterungen des Meisters über die Komödie lauschen. Ist das Schreibwerk getan, soll der Sklave wieder alle echte Vielfachen von 2 streichen. Die geraden Zahlen > 2 werden herausgesiebt. Als kleinste Zahl bleibt die 3 stehen. Dann muss der Sklave alle echten Vielfachen von 3 streichen, die Vielfachen von 5 etc. Die Zahlen, die zum Schluss nicht gestrichen sind, sind nicht Vielfache einer kleineren Zahl und also Primzahlen. Die Methode erinnert entfernt an das Sieben von Sand und heißt deswegen zu Ehren des griechischen Zahlenfreundes: *Das Sieb des Eratosthenes*.

Diese Methode ist sehr gut dem Bildungsstand des Sklaven angepasst, da er nur addieren muss. Dividieren kann er und braucht er nicht. Sie hat leider den Nachteil, dass sie keine Möglichkeit gibt, von einer großen Zahl zu entscheiden, ob sie prim ist oder nicht. Deswegen haben wir zum Schluss noch eine Frage an den Herrn Professor. Wir wollen wissen, ob 40009 eine Primzahl ist. Allgemein: Wenn wir wissen wollen, ob p eine Primzahl ist, müssen wir dann alle Zahlen von 2 bis $p - 1$ ausprobieren, ob sie eventuell Teiler von p sind? Das kann doch sehr lang dauern. Eratosthenes beruhigt uns ein wenig. Er behauptet, es genügt, bis $\sqrt{p}$ zu testen. Er überlässt es uns als Übungsaufgabe, das zu zeigen.

Wir bedanken uns recht schön für das Gespräch und verabschieden uns in unsere Zeit. Jetzt können wir unseren Rechensklaven bemühen, den Computer, und mit dem Erlernten ein Programm schreiben, welches uns etwa alle Primzahlen bis 100000 auf Diskette schreibt.

Satz 2.7.1 *Jede Zahl $m > 1$ besitzt einen kleinsten Teiler > 1. Dieser ist eine Primzahl p. Es ist $p \leq \sqrt{m}$, sofern m keine Primzahl ist.*

Beweis: Sei $m > 1$. T_m = Menge der Teiler > 1. Dann besitzt T_m ein kleinstes Element und dieses ist natürlich Primzahl, da es ja keinen kleineren Faktor > 1 haben kann. Für diesen kleinsten Teiler gilt dann: $p \geq t := \frac{m}{p}$. Also ist $p^2 \leq p \cdot t = m$. Und daraus folgt $p \leq \sqrt{m}$.   □

Mit unserer **function prim(a:zahl):boolean;** werden wir inzwischen schon festgestellt haben, dass es sehr viele Primzahlen gibt. Gibt es unendlich viele? Auch auf diese Frage hätte uns Erathostenes geantwortet:

Satz 2.7.2 *Es gibt unendlich viele Primzahlen.*

Beweis: Wir betrachten etwa die Zahl $2 \cdot 3 \cdot 5 \cdot 7 + 1 = x$. Sie ist durch keine der Primzahlen $2, 3, 5, 7$ teilbar. Andererseits hat sie einen kleinsten Primfaktor p. Das muss eine neue Primzahl sein. Allgemein: Es seien n Primzahlen gegeben und

$$x = p_1 \cdot p_2 \cdot p_3 \cdot \ldots \cdot p_n + 1.$$

x hat einen kleinsten Primfaktor $p \notin \{p_1, \ldots, p_n\}$ Das heißt, es gibt immer mindestens eine Primzahl mehr, als man sich denkt. Daher gibt es unendlich viele.   □

Euklid schreibt in seinen Elementen: „Es gibt mehr Primzahlen als jede vorgelegte Anzahl von Primzahlen". Damit formuliert er sehr genau, was er beweist. Die Griechen dachten immer wieder über den Unendlichkeitsbegriff nach. Sie wussten, welche Fallstricke darin verborgen sind. Wir heute glauben, diese Fallstricke einigermaßen zu kennen, und trauen uns deswegen, den Satz in der etwas knapperen Formulierung zu bringen. Auch der vorgeführte Beweis stammt fast wörtlich von Euklid. Er nimmt an, die vorgelegte Anzahl von Primzahlen sei drei. Dann führt er vor, wie eine neue Primzahl zu finden ist. Dieser Beweis gehört für immer zu den kleinen, wunderbaren Perlen der Mathematik.

So einfach und leicht der Aufstieg zu diesem Hügel der Erkenntnis war: Von dort haben wir einen Ausblick in eine unübersehbare Bergwelt. Eine Bergwelt mit zahllosen unbestiegenen Gipfeln(vgl. z.B. auch die Aufsätze von P. Ribenboim, Primzahlrekorde (DdM 1993/1, 1–16) und: Gibt es primzahlerzeugende Funktionen? (DdM 1994/2, 81–92)[1]):

$$2 \cdot 3 + 1 \ = \ 7 \text{ ist Primzahl,}$$
$$2 \cdot 3 \cdot 5 + 1 \ = \ 31 \text{ ist prim,}$$
$$2 \cdot 3 \cdot 5 \cdot 7 + 1 \ = \ 211 \text{ ist prim,}$$
$$2 \cdot 3 \cdot 5 \cdot 7 \cdot 11 + 1 \ = \ 2311 \text{ ist prim.}$$

Also: Sind $p_1, \ldots, p_n$ n aufeinanderfolgende Primzahlen, so ist $p_1 \cdot p_2 \cdots p_n + 1$ eine Primzahl. 4 Messungen bestätigen unsere Theorie. Aber wir sind keine Physiker und wissen: Aus einer endlichen Anzahl von Bestätigungen darf niemals auf einen unendlichen Gültigkeitsbereich geschlossen werden. Und siehe da: Die fünfte Messung liefert:

$$2 \cdot 3 \cdot 5 \cdot 7 \cdot 11 \cdot 13 + 1 = 30031 = 59 \cdot 509,$$

ist also nicht prim.

Fragen:

1. Gibt es unendlich viele Primzahlen der Form $p_1 \cdot p_2 \cdot p_3 \cdot \ldots \cdot p_n + 1$? (Das ist vermutlich nochmal ein ungelöstes Problem.) Die größte bisher bekannte Primzahl dieser Art scheint $2 \cdot \ldots \cdot 13649 + 1$ zu sein. Das ist eine Zahl mit 5862 Ziffern. Vergleiche das Buch von Ribenboim über Primzahlrekorde, Seite 4.

2. Wir starten mit

$$2 \ = \ 2$$
$$2 + 1 \ = \ 3$$
$$2 \cdot 3 + 1 \ = \ 7$$
$$2 \cdot 3 \cdot 7 + 1 \ = \ 43$$
$$2 \cdot 3 \cdot 7 \cdot 43 + 1 \ = \ 1807 = 13 \cdot 139$$
$$2 \cdot 3 \cdot 7 \cdot 13 \cdot 43 + 1 \ = \ 53 \cdot 443$$
$$2 \cdot 3 \cdot 7 \cdot 13 \cdot 43 \cdot 53 + 1 \ = \ 5 \cdot 248867.$$

---

[1]DdM ist eine Zeitschrift: Didaktik der Mathematik; sie steht in vielen Schulbibliotheken. Ihr Erscheinen wurde ab 1996 eingestellt

Als neuer Faktor wird jeweils der kleinste Primfaktor der neuen Zahl genommen. Tauchen in dieser Folge alle Primzahlen auf? Konkret: Taucht beispielsweise die Zahl 11 in dieser Folge auf? Ist eine solche Zahl durch 17 teilbar? Spiele mit einem Programm wie Derive.

3. Wir können den euklidischen Beweis etwas anders formulieren, und zwar indem wir $n! + 1$ betrachten. Frage: Gibt es unendlich viele Primzahlen der Form $n! + 1$, $n! - 1$?

Es gibt eine Reihe von Eigenschaften, die zu „prim" äquivalent sind.

Satz 2.7.3 *Sei* $p \in \mathbb{N}$. *Dann sind äquivalent:*

1. p ist eine Primzahl.

2. In $\mathbb{Z}/p\mathbb{Z}$ *ist jedes Element* $\neq 0$ *invertierbar.* .

3. Für alle $a, b \in \mathbb{Z}$ *gilt:* $p|(a \cdot b) \Longleftrightarrow p|a$ *oder* $p|b$.

Beweis:
1. $\Longrightarrow$2.: Sei $0 < b \leq p - 1$, $b \in \mathbb{Z}/p\mathbb{Z}$. Dann ist $\mathrm{ggT}(b, p) = 1$. Also gibt es ein x und ein y aus $\mathbb{Z}$ mit $1 = xb + yp$. Rechnen wir modulo p, so ergibt sich $1 = xb \bmod p$.
2.$\Longrightarrow$3.: $p|(a \cdot b)$. Dann gibt es ein $t \in \mathbb{Z}$ mit $pt = a \cdot b$. Daher ist $a \cdot b = 0$ in $\mathbb{Z}/p\mathbb{Z}$. Ist a nicht in $p\mathbb{Z}$, dann ist $a \neq 0$ in $\mathbb{Z}/p\mathbb{Z}$, also muss $b = 0$ in $\mathbb{Z}/p\mathbb{Z}$ sein. Das heißt, b ist aus $p\mathbb{Z}$. Das bedeutet $p|b$.
3. $\Longrightarrow$1.: Ist a aus $\mathbb{N}$ ein Teiler von p, dann gibt es ein b aus $\mathbb{N}$ mit $a \cdot b = p$. Dann teilt p aber a oder b. Das heißt $p = a$ oder $p = b$. $\qquad \Box$

Ist p eine Primzahl, so besagt Satz 2.7.3, Teil 2, dass $\mathbb{Z}/p\mathbb{Z}$ ganz ähnliche Eigenschaften, wie andere Zahlmengen etwa $\mathbb{Q}$ oder $\mathbb{R}$ hat. Machen wir uns klar, wieviel Erstaunliches in dieser unscheinbaren Aussage versteckt ist. Wir können in $\mathbb{Z}/p\mathbb{Z}$ „ganz genau so" rechnen wie in der Menge der rationalen oder reellen Zahlen.

Beispielsweise für $p = 17$, also in $\mathbb{Z}/17\mathbb{Z}$:

1. *Rechnen:*
   $5 \cdot (4 \cdot 6 - 6) = 5 \cdot (7 - 6) = 5$

2. *Bruchrechnen:*
   $\frac{1}{2} \cdot (12 - 9) = \frac{1}{2} \cdot 3 = 9 \cdot 3 = 10$

3. *Lösen von linearen Gleichungen:*

$$3x + 2 = 5x - 7$$
$$9 = 2x \mid \cdot 9, \text{ da } 9 \text{ invers zu } 2$$
$$13 = x$$

Die Lösungen der Gleichung modulo 17 sind also alle von der Form: $13 + k \cdot 17$.

4. *Lösen von linearen Gleichungssystemen:*

$$x + 2y = 11$$
$$x - y = 2$$
$$\Longrightarrow 3y = 9 \mid \cdot 6$$
$$\Longrightarrow y = 3 \quad \text{und } x = 5.$$

Führe die Probe selbst durch.

5. *Lösen quadratischer Gleichungen:*

$$x^2 + 5x - 2 = 0$$
$$\text{Diskriminante } D = 25 - 4 \cdot (-2) = 16$$
$$x_1 = \frac{-5 - 4}{2} = 4$$
$$x_2 = \frac{-5 + 4}{2} = 8.$$

Die Probe bestätigt unsere Rechnung.

Wir sehen also: Fast alle Routine–Aufgaben, die wir in der achten beziehungsweise neunten Klasse gelöst haben, sind auch in $\mathbb{Z}/p\mathbb{Z}$ lösbar, wenn p eine Primzahl ist. Wir wollen infolgedessen den Begriff des Polynom auch auf die Körper $\mathbb{Z}/p\mathbb{Z}$ ausdehnen.

Definition 2.10 Jede Funktion $f : \mathbb{Z}/p\mathbb{Z} \to \mathbb{Z}/p\mathbb{Z}$ der Form

$$f(x) = a_0 + a_1 \cdot x + \ldots + a_n \cdot x^n$$

heißt Polynomfunktion vom Grade n, [2] wenn $a_n \neq 0$ ist. Ein $a \in \mathbb{Z}/p\mathbb{Z}$ heißt Nullstelle des Polynoms f, wenn $f(a) = 0$ ist.

---

[2]Diese Definition ist nicht eindeutig. Denn eine Polynomfunktion kann auf verschiedene Weise über $\mathbb{Z}/p\mathbb{Z}$ in obiger Form dargestellt werden. Zum Beispiel ist $f(x) = x^3 = x$ für alle $x \in \mathbb{Z}/3\mathbb{Z}$. Man kann die Definition aber folgendermaßen eindeutig machen. Der Grad von f ist die kleinste natürliche Zahl n, so dass es $a_0, \ldots, a_n \in \mathbb{Z}/p\mathbb{Z}$ gibt mit $f(x) = a_0 + \ldots a_n x^n$ für alle $x \in \mathbb{Z}/p\mathbb{Z}$. Der so definierte Grad ist über $\mathbb{R}$ dasselbe wie der Polynomgrad, über $\mathbb{Z}/p\mathbb{Z}$ aber nicht.

Wir sind meist etwas schlampig und sagen einfach Polynom.

Satz 2.7.4 *Sei f ein Polynom vom Grade n über $\mathbb{Z}/p\mathbb{Z}$ und $a \in \mathbb{Z}/p\mathbb{Z}$ eine Nullstelle von f. Dann gibt es ein Polynom g vom Grade $n-1$, so dass $f(x) = (x-a) \cdot g(x)$ für alle $x \in \mathbb{Z}/p\mathbb{Z}$ ist.*

Beweis: Es ist $f(x) = f(x) - f(a) = a_0 + a_1 \cdot x + \ldots + a_n \cdot x^n - (a_0 + a_1 \cdot a + \ldots + a_n \cdot a^n) = a_1 \cdot (x-a) + \ldots + a_n \cdot (x^n - a^n)$. Bei der letzten Summe kann man $(x-a)$ ausklammern. In der Klammer bleibt dann ein Polynom vom Grade $n-1$ stehen. (Mache dir das etwa für $n = 1, 2, 3 \ldots$ klar.)   □

Folgerung 2.7.5 *Ein Polynom n-ten Grades $n \geq 1$ hat über $\mathbb{Z}/p\mathbb{Z}$ höchstens n Nullstellen.*

Beweis: Wir führen den Beweis durch Induktion. Hat f den Grad 1, dann ist $f(x) = ax + c$, für ein $a \neq 0 \in \mathbb{Z}/p\mathbb{Z}$. Ist also $f(x) = 0$, so kann diese Gleichung eindeutig aufgelöst werden nach x. Also gibt es genau eine Nullstelle.

Die Behauptung sei nun richtig für alle Polynome mit einem Grad $\leq k$. f sei ein Polynom vom Grad $k+1$. Hat f keine Nullstelle, dann folgt die Behauptung sofort. Andernfalls hat es etwa die Nullstelle a. Wegen Satz 2.7.4 ist $f(x) = (x-a) \cdot g(x)$. Und das Polynom g hat den Grad k. Ist b eine weitere Nullstelle von f, so ist $0 = (b-a) \cdot g(b)$. Da der erste Faktor $\neq 0$ ist, muss der zweite Faktor $= 0$ sein. Also, jede weitere Nullstelle von f außer a ist eine Nullstelle von g. Nach Induktionsvoraussetzung hat g höchstens k Nullstellen. Also hat f höchstens $k+1$ Nullstellen.   □

Primzahlen sind die Atome im Reiche der Zahlen. Aus ihnen setzen sich alle anderen zusammen.

Satz 2.7.6 *Jedes Element a aus $\mathbb{N}$ lässt sich als Produkt von Primzahlen schreiben. Sind zwei solche Zerlegungen gegeben $a = p_1^{r_1} \cdots p_n^{r_n} = q_1^{s_1} \cdots q_n^{s_n}$, dann ist nach eventuellem Umordnen $p_i = q_i$ und $r_i = s_i$ für alle i.*

Das ist der sogenannte Hauptsatz der elementaren Zahlentheorie. Die Griechen kannten ihn wahrscheinlich. Sie konnten ihn aber noch nicht formulieren, da sie noch keine geeignete algebraische Sprechweise hatten.

Beweis: Durch Induktion: 2 ist ist eine Primzahl. Es sei für alle $b < a$ die Behauptung schon gezeigt. Ist dann a gegeben, dann besitzt a einen kleinsten Primfaktor. Also ist $a = p \cdot b$, wobei $b < a$ ist. b ist damit ein Produkt von Primfaktoren. Also lässt sich b und damit auch a als Produkt von Primzahlen schreiben. Sei nun etwa $a = p_1^{r_1} \cdots p_n^{r_n} = q_1^{s_1} \cdots q_n^{s_n}$ Wegen Satz 2.7.3, Teil 3, muss der Primfaktor p_1 einen der Primfaktoren q_i teilen und damit gleich q_i sein. Wir können also beide Seiten der Gleichung durch p_1 dividieren. Übrig bleibt eine Zahl, die kleiner a ist. Die ist aber eindeutig in Primfaktoren zerlegbar. Folglich ist a selber eindeutig zerlegbar. □

Das folgende Beispiel zeigt, dass der Satz 2.7.6 nicht selbstverständlich ist. Sei $\mathbb{T} = \{n \in \mathbb{N} \mid n = 1 \bmod 4\}$. $p \in \mathbb{T}$ heißt „unzerlegbar" (in $\mathbb{T}$), wenn aus $a \cdot b = p$ mit $a, b \in \mathbb{T}$ folgt: $a = 1$ oder $b = 1$. Beispielsweise sind 9 oder 21 oder 49 unzerlegbar in $\mathbb{T}$, weil $3, 7 \notin \mathbb{T}$. Anders als in $\mathbb{N}$ ist die Darstellung einer Zahl als Produkt unzerlegbarer Elemente aus $\mathbb{T}$ nicht eindeutig. $9 \cdot 49 = 21 \cdot 21$.

Aufgaben:

121. p sei eine Primzahl > 3.

   (a) Zeige: $p = 1 \bmod 6$ oder $p = 5 \bmod 6$.

   (b) Zeige: Ist von 6 aufeinander folgenden Zahlen die kleinste > 3, so sind höchstens zwei dieser Zahlen Primzahlen. Ist ihr Abstand 2, zum Beispiel 41141 und 41143, so heißen sie Primzahlzwillinge. Bis heute weiß man nicht, ob es unendlich viele Primzahlzwillinge gibt.

   (c) Verwende das Ergebnis aus (b), um unser Primzahlprogramm zu beschleunigen. Welche Teiler müssen nur noch getestet werden?

122. Gegeben ist eine Primzahl p.

   (a) Welche Reste sind modulo 30 möglich?

   (b) Verwende das Ergebnis aus (a), um unseren Primzahltest nochmal zu beschleunigen. Lohnt sich der zusätzliche Programmieraufwand noch?

   (c) Gegeben seien 30 aufeinanderfolgende Zahlen. Die kleinste von ihnen sei > 31. Wie viele von diesen Zahlen sind höchstens Primzahlen? Gib eine möglichst kleine obere Schranke an. Zeige: Unter diesen 30 Zahlen ≥ 31 folgen mindestens 5 zusammengesetzte aufeinander.

(d) Schaut man sich die Reste aus (a) noch einmal an, so bemerkt man, dass diese Reste ausnahmslos Primzahlen sind. Ist es auch so bei Division durch 60?

Man kann zeigen, dass 30 die größte Zahl dieser Art. (Der Beweis ist nicht einfach, aber mit unseren Mitteln verständlich: Siehe Rademacher, Toeplitz, „Von Zahlen und Figuren".)

123. Seien a, b teilerfremd und $a \cdot b$ eine Quadratzahl. Zeige, dass dann auch a und b Quadratzahlen sind. Verallgemeinere geeignet.

124. Für die folgenden Aufgaben ist es nützlich, Additions–, Multiplikations– und Inversentabellen modulo der Primzahl p zu haben. Schreibe dir Programme, die das für dich erledigen.

125. Berechne in $\mathbb{Z}/7\mathbb{Z}$ und in $\mathbb{Z}/17\mathbb{Z}$:

(a) $(5 \cdot 2 - 3) \cdot 6$ (b) $\frac{1}{3} \cdot (\frac{1}{5} - 1)$ (c) $\frac{2}{3} : \frac{3}{2} \cdot \frac{1}{4}$
(d) $2^{17} \cdot 3^5$ (e) $1 + \ldots + 6$ (f) $1 + 2 + \ldots + 101$
(g) $1^2 + \ldots + 6^2$ (h) $1 + \ldots + 16^2$ (i) $1^2 + \ldots + 101^2$
(j) $7^0 + 7^1 + \ldots + 7^{16}$ (k) $1^3 + \ldots + 16^3$ (l) $11^0 + \ldots + 11^{101}$

126. Löse die folgenden Gleichungen modulo 13 und modulo 19:

(a) $7x - (3 + 4x) = 6x$

(b) $8x - 25 = 19 - (26 - 2x)$

(c) $-18x - 12(9 - 3x) = 3(3x + 12) - 5(-x + 32)$

(d) $\frac{1}{2}(4x + \frac{1}{3}) - \frac{1}{3}(9x - \frac{1}{4}) = \frac{1}{4}(12x + 1)$

127. Löse die folgenden Gleichungssysteme modulo 23 und 31:

(a) 1) $12x + 7y + 16 = 0$ und 2) $8x - 21y + \frac{31}{10} = 0$.

(b) 1) $4(3x - 5) - 2(y - x) = 2$ und 2) $2(5x - y) - 3y = 5$

128. Schreibe ein Programm, welches ein lineares Gleichungssystem mit zwei Unbekannten modulo der Primzahl p löst.

129. Löse die folgenden quadratischen Gleichungen modulo der angegebenen Primzahl:

(a) $x^2 + 5x + 4 = 0 \mod 19$;   (b) $x^2 + 12x + 11 = 0 \mod 23$
(c) $x^2 - 18x + 19 = 0 \mod 31$;   (d) $x^2 + 21x - 13 = 0 \mod 67$
(e) $\dfrac{7}{x + 5} - \dfrac{8}{x - 6} = \dfrac{3}{x - 1} \mod 41$;

130. Wie muß man in der folgenden Gleichung $k \in \mathbb{Z}/23\mathbb{Z}$ wählen, dass es genau eine Lösung, bzw. keine, bzw. zwei Lösungen gibt? $2x^2 + 6x + k = 0$.

131. (a) Bestimme die kleinste Zahl n, die folgende Bedingungen alle gleichzeitig erfüllt: $2|(n + 1), 3|(n + 2), 5|(n + 4), 7|(n + 6)$.

   (b) Bestimme die kleinste Zahl n, so dass gilt: $2|n, 3|(n+2), 5|(n+4), 7|(n+6)$ und $11|(n + 8)$.

   (c) Bestimme die zweitkleinste Zahl n, die folgendes erfüllt: $2|n, 3|(n+2), 5|(n+4), 7|(n+6), 11|(n+8), 13(n+10), 17|(n+12)$ und $19|(n+14)$.

   (d) Untersuche mit dem Computer ! Wie viele Primzahlen liegen in dem Intervall zwischen dem kleinsten n aus (b) und dem zweitkleinsten n aus (b). Mache eine empirische Untersuchung etwa bis zum 10. Teilintervall. Wie viele Primzahlen enthält jedes dieser Intervalle?

   (e) Zeige: Sind $p_1 = 2$, p_2, ..., p_k die ersten k Primzahlen der Größe nach geordnet, dann gibt es ein kleinstes n, so dass $2|(n + 1)$, und $3|(n + 2) \ldots p_k|(n + k)$

   (f) Schreibe ein Programm, welches zu einer gegebenen Menge von Primzahlen das kleinste n ausrechnet, welches die Bedingung von (e) erfüllt.

   (g) Die Zahlen $2, 3, 5, 7, \ldots 19$ sind sukzessive durch 2, 3, ..., 19 teilbar. Kennzeichne die Zahlen n, so dass $n + 2$ durch 2, $n + 3$ durch 3 und $n + 19$ durch 19 teilbar sind.

   (h) Folgere aus (g): Die Lücken zwischen Primzahlen werden beliebig groß.

   (i) Zeige: Hat man 49 beliebige Primzahlen, dann haben mindestens 2 von ihnen einen Abstand ≥ 210.

   (j) Wie viele Intervalle mit 30 Zahlen gibt es mit mehr als 8 Primzahlen?

   (k) Wie viele Intervalle mit 30 (aufeinander folgenden) Zahlen gibt es mit mindestens 8 $(7, 9)$ Primzahlen?

Projekt: Wir malen Primteppiche

132. Male selber Teppiche!

   (a) Jedem Punkt der Ebene $\mathbb{Z} \times \mathbb{Z}$ wird auf folgende Weise eine Farbe zugeordnet:
   $Farb(n, m) =$ weiß, wenn $n^2 + m^2$ prim ist, sonst schwarz. Male mit dem Computer den Teppich. In obigem Bild ist immer dann, wenn $n^2 + m^2$ prim ist, ein gefüllter Kreis gemalt worden.

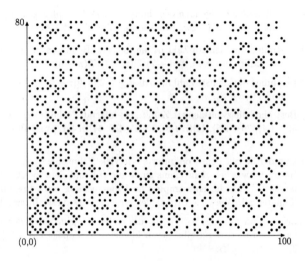

Bild 2.2 Primteppich

(b) Gleiche Aufgabe, nur mit $n^2 + 2m^2$.

(c) Gleiche Aufgabe, $n^2 + 3m^2$ prim.

(d) $n^2 - nm + m^2$ prim.

(e) $n^2 - 2m^2$ prim.

(f) $n^2 - 3m^2$ prim jeweils bis zur Primzahl 89.

(g) Male auch folgendermaßen. Der Punkt erhalte schon die Farbe weiß, wenn $n^2 + m^2$ teilerfremd zu $2, 3, 5, 7, 11, 13$ ist. Vermutung: Dann wird das Muster kreisförmig sein .

(h) Zeige: Das Muster wiederholt sich. Ab wann?

(i) Zeige: Ist die Primzahl p Summe zweier Quadratzahlen, dann ist p von der Form $4n + 1$. Die Umkehrung gilt auch, ist aber schwerer zu zeigen.

(j) Zeige: Jede ungerade Primzahl ist auf genau eine Weise als Differenz zweier Quadratzahlen darstellbar.

(k) Bestimme alle Primzahlen der Form $x^3 + y^3 = p$.

133. Es sei p eine Primzahl und n eine natürliche Zahl; außerdem habe p^n in der Dezimaldarstellung 20 Stellen. Zeige: Mindestens eine Ziffer kommt mehr als zweimal vor. (Für $p \neq 3$ vgl. Bundeswettbewerb 1987, 1.Runde. Für $p = 3$ ist es, wenn man es zu Fuß angeht, harte Rechenarbeit.)

134. (Vgl. Bundeswettbewerb 1978, 2. Runde.) Die Darstellung einer Primzahl im Zehnersystem habe die Eigenschaft, dass jede Permutation der Ziffern wieder die Dezimaldarstellung einer Primzahl ergibt. Man zeige, dass bei jeder möglichen Anzahl der Stellen höchstens zwei verschiedene Ziffern vorkommen.

135. (Bundeswettbewerb 1979, 2.Runde) $p_1, p_2, \ldots$ sei eine unendliche Folge natürlicher Zahlen in Dezimaldarstellung. Für jedes $i \in \mathbb{N}$ gelte: Die letzte Ziffer von p_{i+1}, also die Einerziffer, ist von 9 verschieden. Streicht man die letzte Ziffer, so erhält man p_i. Zeige: Die Folge enthält unendlich viele zusammengesetzte Zahlen.

136. Setze $a_1 = 5$ und $a_{n+1} = a_n^2$ für alle $n \in \mathbb{N}$. Zeige: $a_n - 1$ hat mindestens n verschiedene Primteiler. Folgere wieder, dass es unendlich viele Primzahlen gibt.

137. (a) Zeige: Jede ganze Zahl lässt sich eindeutig als Produkt einer Quadratzahl und einer quadratfreien Zahl schreiben.

    (b) Zeige, indem du Aufgabe (a) benutzt: Es gibt unendlich viele Primzahlen (Warnung! Die Aufgabe besitzt eine raffinierte Lösung, siehe auch das Buch von Ireland and Rosen, Seite 18)

138. Jetzt wieder leichtere Aufgaben. Sei X eine ungerade natürliche Zahl.

    (a) Zeige: In der Folge $X + 1$, $X^2 + 1$, $X^4 + 1$, $X^8 + 1$ ist der ggT von zwei Folgengliedern stets 2.

    (b) Zeige, indem du (a) benutzt: Es gibt unendlich viele Primzahlen. (Etwas später können wir zeigen, sie sind von der Form $4n + 1$.)

    (c) Zeige: Es gibt unendlich viele Primzahlen der Form $4n + 3$ $(3n + 2)$ (Das geht mit dem euklidischen Trick)

    (d) Zeige: Eine ungerade Quadratzahl ist stets $\equiv 1 \bmod 8$.

139. (a) Gib alle Lösungen der Gleichung $x^4 + 9 = y^2$ an.

    (b) Gib alle Lösungen der Gleichung $x^4 + 81 = y^2$ an.

    (c) Gib alle Lösungen der Gleichung $x^4 + 25 = y^2$ an.

    (d) Gib alle Lösungen der Gleichung $x^4 + 625 = y^2$ an.

(e) Gib alle Lösungen der Gleichung $x^4 + p^2 = y^2$ an, wenn p eine Primzahl ist.

(f) Betrachte noch einmal die ganze Aufgabe samt ihren Lösungen. Fällt etwas auf?

140. (a) Bestimme alle ganzzahligen Lösungen von $2^x + 2^y = z^2$

(b) Gib alle ganzzahligen Lösungen der Gleichung $3^x + 2^y = z^2$ an. (Bundeswettbewerb Mathematik 1987, 2. Runde)

(c) Bestimme alle Lösungen der Gleichung $2^x + 2^y + 1 = z^2$

141. Bestimme alle ganzzahligen Lösungen der Gleichung: $x^a = 3^n + 1$.

142. Das Produkt von n aufeinander folgenden Zahlen ist durch n! teilbar.

143. Sei n eine natürliche Zahl > 4 und keine Primzahl. Zeige, n teilt $(n - 1)!$

144. Seien p und q Primzahlen > 3. Zeige, 24 teilt $(p^2 - q^2)$.

145. (a) Wieviel Teiler hat 235?

(b) p und q seien zwei verschiedene Primzahlen, x und y zwei natürliche Zahlen. Bestimme die Anzahl der Teiler von $p^x q^y$

(c) Verallgemeinere die Aussage von (b)
Sei nun $\sigma(n)$: = Summe aller Teiler von n. Berechne $\sigma(2^x)$.

(d) Berechne $\sigma(p^x)$, wenn p eine Primzahl ist.

(e) Berechne $\sigma(4p^x)$, wenn p eine ungerade Primzahl ist.

(f) Seien p und q zwei verschiedene Primzahlen und $n = p^a q^b$. Zeige: $\sigma(n) = \frac{p^{a+1}-1}{p-1} \cdot \frac{q^{b+1}-1}{q-1}$. Verallgemeinere diese Aussage.

146. Die Griechen nannten aus uns unbekannten Gründen eine Zahl vollkommen genau dann, wenn $\sigma(n) = 2n$ ist. Beispielsweise ist 6 vollkommen oder 28 ist vollkommen. Der heilige Augustinus schreibt: „6 ist eine vollkommene Zahl in sich selbst, und nicht etwa, weil Gott alle Dinge in 6 Tagen geschaffen hat–; vielmehr ist das Umgekehrte wahr: Gott schuf alle Dinge in 6 Tagen, weil diese Zahl vollkommen ist."

(a) Euklid zeigte: Ist $n = 2^a(2^{a+1} - 1)$ und ist $2^{a+1} - 1$ prim, so ist n vollkommen. Kannst du das auch zeigen?

(b) Euler zeigte: Ist n gerade und vollkommen, so ist n von der Form

$$n = 2^a(2^{a+1} - 1).$$

Zeige das. Primzahlen der Form $2^{a+1} - 1$ heißen Mersennsche Primzahlen. Mersenne war von 1604 bis 1609 ein Mitschüler von René Descartes am Jesuitenkolleg von La Flèche. Er wurde 1611 Franziskanermönch und korrespondierte während seines Lebens mit vielen Mathematikern. Er glaubte, eine vollständige Liste aller Primzahlen p aufgestellt zu haben, bei denen auch $2^p - 1$ prim ist. Aber sein Glaube trog ihn. Einmal enthielt seine Liste Zahlen, die nicht reingehören. Zweitens ist bis heute die Liste nicht vollständig. Keiner weiß, ob sie je vollständig wird.

(c) Zeige: Ist $2^a - 1$ prim, so ist a prim. Mit diesem Fragenkreis sind zwei offene Probleme verbunden:

1) Kein Mensch weiß, ob es unendlich viele vollkommene gerade Zahlen gibt. Oder gleichwertig damit: Gibt es unendlich viele Mersenne–Primzahlen? Die größten bekannten Primzahlen sind Mersenne–Primzahlen.

2) Gibt es überhaupt eine ungerade vollkommene Zahl? Bis jetzt hat noch kein Mensch eine gefunden. Vielleicht gibt es eine, und sie passt auf kein Buch mit 99 Seiten. Einiges haben pfiffige Leute herausgebracht: M. Buxton und S. Elmore haben gezeigt: Die kleinste ungerade vollkommene Zahl muß größer als 10^{200} sein. Weiter wurde von Hagis gezeigt: Die kleinste ungerade vollkommene Zahl muß mindestens durch 8 verschiedene Primzahlen teilbar sein. Scheinbar ein unwegsames Gelände, in welches wir hier unversehens reingeraten sind. Vielleicht ist folgendes leichter:

147. (a) Berechne $\sigma(220)$ und $\sigma(284)$. Es sollte sich dasselbe ergeben. Zwei Zahlen a,b heißen befreundet , wenn $\sigma(a) = \sigma(b) = a + b$ ist. „Dann nahm er aus seinem Besitz eine Gabe für seinen Bruder Esau: zweihundert Ziegen und zwanzig Böcke ..." (Genesis XXXII,14) Jakob, um ihn handelt es sich, hatte seinen Bruder Esau fürchterlich betrogen. Und er befand sich gerade in Wiedergutmachungsverhandlungen. Deswegen suchte er eine Zahl mit einem Freund aus. Nämlich 220.

In Moritz Cantors Geschichte der Mathematik kann man nachlesen, im Mittelalter seien diese Zahlen zur Stiftung von Freund- und Liebschaften benutzt worden. Das Rezept lautet: Schreibe 220 und 284 auf und gib die kleinere der betreffenden Person zu essen, die größere esse man selbst. Der dies berichtet, habe die erotische Wirkung des Verfahrens in eigener Person ausprobiert.

(b) Schreibe ein Programm, welches die ersten 10000 Zahlen nach befreundeten Zahlenpaaren durchmustert. Die mathematische Welt vermutet

stark: Es gibt unendlich viele befreundete Zahlenpaare. Wissen tuts
keiner. Die bisher größte bekannte Zahl mit einem Freund hat 152
Dezimalstellen.

2.8   Ein kleiner Spaziergang zum Primzahlsatz

Wie wir gesehen haben, hat schon Euklid bewiesen, dass es unendlich viele
Primzahlen gibt. Damit scheint es so, als ob weitere Anzahlfragen zu den
Primzahlen sich erübrigen. Tatsächlich wurde fast 2000 Jahre nichts mehr
über die Verteilung der Primzahlen herausgebracht, ja noch nicht einmal
vermutet. Das änderte sich, als im Jahre 1737 Euler einen völlig neuen
Beweis für die Unendlichkeit der Menge der Primzahlen veröffentlichte.
Eine Generation vor ihm hatten die Entdecker der Infinitesimalrechnung
bewiesen, dass die harmonische Reihe, das ist die Summe aller reziproken
natürlichen Zahlen $\sum_{i=1}^{\infty} \frac{1}{i}$, über alle Grenzen wächst. Aus dieser Tatsache
und dem Satz über die eindeutige Primfaktorzerlegung folgerte Euler: Es
gibt unendlich viele Primzahlen. Er hatte damit zwei auf den ersten Blick
völlig verschiedene Gebiete zusammengefügt, die Analysis und die Zahlentheorie. Ein wenig später zeigte er sogar, dass die Summe der reziproken
Primzahlen $\sum_{p \text{ ist prim}} \frac{1}{p}$ über alle Grenzen wächst. Genauer:

$$\lim_{x \to \infty} \frac{\sum\limits_{p \leq x,\ p \text{ prim}} \frac{1}{p}}{log(log(x))} = 1$$

(Dabei ist $log(x)$ der „natürliche " Logarithmus.) Man sagt, der Zähler ist
asymptotisch gleich dem Nenner.

Mit einem Mal schien es wieder sinnvoll, nach der genaueren Verteilung
der Primzahlen zu fragen. Euler verzweifelte noch, ob der Komplexität des
Problems:

> „Die Mathematiker haben sich bis jetzt vergeblich bemüht, irgendei-
> ne Ordnung in der Folge der Primzahlen zu entdecken, und man ist
> geneigt zu glauben, dies sei ein Geheimnis, das der menschliche Geist
> niemals durchdringen wird. Um sich davon zu überzeugen, braucht
> man nur einen Blick auf die Primzahltabellen zu werfen, wobei sich

einige die Mühe gemacht haben, diese bis über 10000 hinaus fortzusetzen, und man wird zunächst bemerken, dass dort weder eine Ordnung
herrscht noch eine Regel zu beobachten ist."(Siehe das Buch von
Dieudonné, Seite 279)

Es gab aber Forscher, die sich von dem vermeintlichen Chaos nicht ab-
schrecken ließen. Zu diesen tapferen Wahrheitssuchern gehörten Legendre
und Gauß. Legendre definierte die Anzahlfunktion folgendermaßen:

$$\pi(x) = \text{ Anzahl aller Primzahlen} \leq x \ (x \in \mathbb{R})$$

(Also z. B. $\pi(1) = 0$, $\pi(2) = 1$ und $\pi(17,3) = 6$). Er fand empirisch, dass
$\pi(x)$ und $\frac{x}{log(x)}$ asymptotisch gleich sind.

Gauß scheint seine Beobachtungen so um 1792 im Alter von vierzehn
Jahren begonnen zu haben. Sein ganzes Leben lang setzte er sie fort. In
einem Brief an den Astronomen Encke erzählt er, wie gern er ab und zu
ein Viertelstündchen damit verbringe, Primzahlen auszuzählen und dass
er bis 3000000 gehe, bevor er aufhören werde. Er fand empirisch, dass $\pi(x)$
und $\int\limits_{2}^{x} \frac{t}{log(t)} dt$ asymptotisch gleich sind. Es stellte sich später heraus, dass
die Formeln von Legendre und Gauß gleichwertig sind. Aber keiner dieser
großen Mathematiker konnte seine Vermutung beweisen.

Erst Tschebyschew (1821–1894) gelang um 1850 ein erstes Ergebnis in
diese Richtung. Er konnte zeigen, dass für genügend große $x \in \mathbb{R}$ gilt:

$$0,92129 \frac{x}{log(x)} < \pi(x) < 1,10555 \frac{x}{log(x)}$$

Außerdem bewies er: Wenn der Grenzwert

$$\lim_{x \to \infty} \frac{\pi(x)}{\frac{x}{log(x)}}$$

existiert, so muß er gleich 1 sein.

Schließlich 1896, (also erst 100 Jahre nach den Rechnungen der Großen
Legendre und Gauß), gelang J. Hadamard (1865–1963) (und unabhängig
davon) Ch. de la Valleé Poussin (1866–1962) der Beweis des Primzahlsatzes. Es ging die Mär, dass die Bezwinger des Primzahlsatzes unsterblich
würden: Und in der Tat, beide wurden fast 100 Jahre alt.

Das soll als erste Information genügen. Wer genaueres wissen will, kann zum Beispiel in dem Buch von Dieudonné oder in F. Ischebeck, Primzahlfragen und ihre Geschichte, Mathematische Semesterberichte 40/2 (1993), Seite 121–132, nachlesen. [3]

2.9 Der chinesische Restsatz

Ein Kartentrick

Der Zauberer Korinthe legt 35 Karten in Form eines Rechtecks auf den Tisch. Das Rechteck hat fünf Zeilen und sieben Spalten.

1	2	3	4	5	6	7
8	9	10	11	12	13	14
15	16	17	18	19	20	21
22	23	24	25	26	27	28
29	30	31	32	33	34	35

Max, ein geeignetes Medium und ehrfürchtiger Zuschauer, soll sich eine Karte denken. Das kann und tut er auch. Korinthe fragt, in welcher Spalte die Karte liegt. Max antwortet „Spalte 5".

Korinthe sammelt unter ständiger Beschwörung der Geister die Karten wieder so ein, dass sie in dem neuen Stapel in der gleichen Reihenfolge liegen wie zu Beginn der Zauberei. Aufs neue legt er die Karten aus. Diesmal in sieben Zeilen und fünf Spalten. Korinthe fragt nun mit geheimnisvoller Stimme, in welcher Spalte die gedachte Karte liegt. Ehrfurchtsvoll antwortet Max: „In Spalte vier." Nach sinnreichem Anrufen der Geister und unverständlichem Murmeln antwortet Korinthe: „Max, du hast dir 19 gedacht." Max, eine ehrliche Haut, muss gestehen. Tatsächlich, genau diese Zahl hatte er sich gedacht. Wunder über Wunder!! Gedankenübertragung ist also doch möglich. Ja, tatsächlich ist es möglich, mit ein wenig Rechnen und Tinte die Gedanken eines anderen zu erraten. (Natürlich nicht alle!) Was weiß Korinthe nach der ersten Antwort von Max über die gedachte Zahl x?

- x lässt beim Teilen durch 7 den Rest 5 das heißt $x = 5 \bmod 7$.

- Nach der zweiten Antwort weiß er: $x = 4 \bmod 5$.

---

[3]Schülergerechtes findest du auch in den beiden Heften „Mathematik lehren", Heft 57 und 61 (1993)

Also ist $x = 4 + a \cdot 5 = 5 + b \cdot 7$ für gewisse natürlichen Zahlen a und b. Daher ist $a \cdot 5 = 1 + b \cdot 7$. Rechnen wir modulo 7, so ergibt sich $a \cdot 5 = 1$, daher $a = 3 \bmod 7$. Das heißt, es gibt eine natürliche Zahl s, so dass $a = 3 + s \cdot 7$ ist. Und damit:

$$x = 4 + (3 + s \cdot 7) \cdot 5 = 19 + 35 \cdot s$$

Da $x \leq 35$ sein muss, ist $x = 19$. Siehe da, wir sind dem Zauberer mit ein wenig Hirn und Tinte auf die Schliche gekommen.

Aufgaben:

148. Korinthe wird nicht jedesmal die ganze Rechnung durchführen, sondern er wird sich ganz allgemein eine Formel zurechtlegen, die ihm sofort die richtige Karte ausgibt, wenn er a als erste Antwort von Max und b als zweite Antwort von Max eingibt. Schreibe ein Programm, welches in Abhängigkeit von den beiden Antworten die richtige Antwort gibt. Gib eine allgemeine Formel an.

149. Entwickle einen analogen Kartentrick, der anstatt mit 35 Karten mit 45 Karten arbeitet, und beschreibe, wie ein Magier die „richtige" Karte findet.

150. Man bestimme eine Lösung und finde weitere Lösungen der Systeme:

   (a) $x = 2 \bmod 7$ und $x = 5 \bmod 9$;

   (b) $x = -1 \bmod 3$ und $x = 3 \bmod 4$;

   (c) $x = 2 \bmod 6$ und $x = 5 \bmod 9$;

   (d) $x = -1 \bmod 12$ und $x = 1 \bmod 14$.

151. *Noch ein Magier-Trick:* Jemand denkt sich eine Zahl zwischen 0 und 999. Wenn er sie durch 8 teilt, so erhält er Rest a, und wenn er sie durch 125 teilt, Rest b. Entwickle ein Verfahren, mit der man die gedachte Zahl aus a und b berechnen kann und überprüfe die Formel für $a = 7$ und $b = 5$.

152. *Eine Klasse abzählen:* Wenn sich die Schüler einer Klasse in Zweier–, Dreier– und Viererreihen aufstellen, so bleibt jedesmal ein Schüler übrig. Erst als sie sich in Fünferreihen gruppieren, hat jeder seinen Platz. Wie viele Schüler hat die Klasse?

153. (a) *Aus einem Hindu-Rechenbuch des 7. Jahrhunderts:* Eine Frau trägt
         einen Korb mit Eiern. Als ein Pferd an ihr vorbeigaloppiert, erschrickt
         sie, lässt den Korb fallen, und alle Eier zerbrechen. Als sie gefragt
         wird, wie viele Eier in dem Korb gewesen seien, gibt sie zur Antwort,
         sie erinnere sich nur, dass beim Zählen in Gruppen zu zweien, dreien,
         vieren und fünfen jeweils die Reste 1, 2, 3 und 4 geblieben seien. Wie
         viele Eier waren in dem Korb? (Hinweis: Man kann die Aufgabe unter
         Verwendung des kgV lösen!)

    (b) Finde eine Lösung in Abhängigkeit von a: $x = 1 \bmod 2$ und $x = 2 \bmod$
        3 und $x = 3 \bmod 4$ und $x = a \bmod 5$. Ermittle für $a \in \{0, \dots, 4\}$
        jeweils die kleinste positive Lösung.

Es ist nun naheliegend, folgendes allgemeine Problem zu behandeln:
1) $x = a \bmod n$ 2) $x = b \bmod m$ $(a, b, m, n \in \mathbb{Z}, m, n \neq 0)$
Fragen:

• Wann gibt es wenigstens eine Lösung?

• Wenn es eine Lösung gibt, wie kann man eine finden?

• Wie erhält man alle Lösungen?

Wir setzen wieder an: $x = a + r \cdot m = b + s \cdot n$ und daher $b - a = m \cdot r + n \cdot (-s)$
Nach Satz 2.4.1 auf Seite 49 gibt es genau dann ganze Zahlen r, s, die
diese diophantische Gleichung lösen, wenn $\text{ggT}(m, n)$ Teiler von $b - a$ ist.
r, s können wir dann mit dem euklidischen Algorithmus finden.

Zu Vereinfachung wollen wir jetzt m und n als teilerfremd voraussetzen.
Dann finden wir (mit dem euklidischen Algorithmus, auf Seite 51) stets
ganze Zahlen r, s, so dass

$$
\begin{aligned}
m \cdot r + n \cdot s &= 1, \\
m \cdot r \cdot (a - b) + n \cdot s \cdot (a - b) &= a - b, \\
x := b + m \cdot r \cdot (a - b) &= a + n \cdot s(b - a).
\end{aligned}
$$

Dann ist $x = a \bmod n$ und $x = b \bmod m$. Das heißt, wir haben unser er-
sehntes x gefunden. Wir denken noch einmal genauer über unser Ergebnis
nach und erhalten:

Satz 2.9.1 (Chinesischer Restsatz) *Für zwei natürliche Zahlen n, m
sind folgende Aussagen äquivalent:*

1. m, n sind teilerfremd.

2. Zu jedem a, b gibt es genau ein $x \in \mathbb{N}$, $x < m \cdot n$ mit $x = a \bmod n$ und $x = b \bmod m$.

3. Es gibt eine ganze Zahl x so, dass $x = 1 \bmod n$ und $x = 0 \bmod m$ ist.

Beweis: Wir zeigen: Aus 1. folgt 2.

Die Existenz von einem x haben wir schon gezeigt. Ist x eine Lösung und addieren oder subtrahieren wir irgendein Vielfaches von $m \cdot n$, so erhalten wir wieder eine Lösung. Wir können es also so einrichten, dass $0 \leq x < mn$ ist. Dieses x ist dann eindeutig bestimmt. Denn sei x_1 eine weitere solche Zahl. Dann hat man:

$$x_1 = a + r_1 m = b + s_1 n$$
$$x = a + rm = b + sn$$

Also ist $(r_1 - r)m = (s_1 - s)n = x_1 - x$. Damit teilen n und m die Zahl $x_1 - x$. Da m und n teilerfremd sind, ist mn Teiler von $(x_1 - x)$. Daher ist $x = x_1$.

Aus 2. folgt 3.: Das ist klar.

Auch der Rest, nämlich aus 3. die Aussage 1. zu folgern, ist eine einfache Übungsaufgabe.   □

Bevor wir ein Programm schreiben, welches uns zu a, b, m, n mit ggT$(m, n) = 1$ jeweils ein x ausrechnet, das unsere beiden Bedingungen erfüllt, sollten wir nochmal genau überlegen, was das Programm leisten soll. Wir wollen beliebige Zahlenpaare (a, b) mit $0 \leq a < m$ und $0 \leq b < n$ eingeben, und das Programm soll ein x abliefern mit $x = a \bmod m$ und $x = b \bmod n$. Die Menge all dieser Paare bezeichnet man sinnfälliger mit $\mathbb{Z}/m\mathbb{Z} \times \mathbb{Z}/n\mathbb{Z}$. Wir suchen also eine Funktion

$$f : \mathbb{Z}/m\mathbb{Z} \times \mathbb{Z}/n\mathbb{Z} \to \mathbb{Z}/mn\mathbb{Z} \text{ mit}$$

$$f(a, b) = a \bmod n \text{ und } f(a, b) = b \bmod m$$

Weiter oben haben wir aber schon die Funktionsvorschrift angegeben, und zwar

$$f(a, b) := b + m \cdot r \cdot (a - b) = a + n \cdot s(b - a).$$

Dabei sind r und s so gewählt, dass $1 = mr + ns$. Also $mr = 1 \bmod n$ und $ns = 1 \bmod m$. Mit dem früher besprochenen Programm **Bezout** ist es nun ein Leichtes, eine solche Funktion in Pascal zu programmieren. Wir wollen diese Funktion

chines(a,b,m,n:zahl):zahl;

nennen.

Zum Beispiel ergeben sich für $m = 5$ und $n = 7$ folgende Tabellen.

	0	1	2	3	4	5	6
0	(0;0)	(0;1)	(0;2)	(0;3)	(0;4)	(0;5)	(0;6)
1	(1;0)	(1;1)	(1;2)	(1;3)	(1;4)	(1;5)	(1;6)
2	(2;0)	(2;1)	(2;2)	(2;3)	(2;4)	(2;5)	(2;6)
3	(3;0)	(3;1)	(3;2)	(3;3)	(3;4)	(3;5)	(3;6)
4	(4;0)	(4;1)	(4;2)	(4;3)	(4;4)	(4;5)	(4;6)

	0	1	2	3	4	5	6
0	0	15	30	10	25	5	20
1	21	1	16	31	11	26	6
2	7	22	2	17	32	12	27
3	28	8	23	3	18	33	13
4	14	29	9	24	4	19	34

Die Funktion chines(a, b, n, m) bildet die obere Tabelle auf die untere ab. Auffällig ist, dass in unserem Falle in der zweiten Tabelle jedes Element aus $\mathbb{Z}/mn\mathbb{Z}$ genau einmal vorkommt. Kann also der Zauberer Korinthe überhaupt nicht rechnen, so braucht er nur ein solches Kärtchen bei sich zu haben. Weiß er beispielsweise, dass eine Zahl beim Teilen durch 5 den Rest 3 und beim Teilen durch 7 den Rest 4 lässt, schaut er nur in der entsprechenden Zeile und Spalte, und er kann die gedachte Zahl eindeutig benennen.

Das ist kein Zufall:

Folgerung 2.9.2 *Sei* chines $: \mathbb{Z}/m\mathbb{Z} \times \mathbb{Z}/n\mathbb{Z} \to \mathbb{Z}/mn\mathbb{Z}$ *wie oben definiert. Dann ordnet* chines *je zwei verschiedenen Zahlenpaaren aus dem Definitionsbereich zwei verschiedene Bilder zu, und jedes Element aus* $\mathbb{Z}/mn\mathbb{Z}$ *kommt tatsächlich als Bild von* chines *vor. Man sagt,* chines *ist bijektiv.*

Beweis: Es seien die Zahlen n und m teilerfremd gewählt. Wir schreiben zur Abkürzung $f(a,b)$ anstatt chines(a,b,n,m). Seien $a,a' \in \mathbb{Z}/m\mathbb{Z} = \{0,1,2,\ldots,(m-1)\}$ und $b,b' \in \mathbb{Z}/n\mathbb{Z}$ mit $f(a,b) = f(a',b')$. Also $b + m \cdot r \cdot (a-b) = b' + m \cdot r \cdot (a'-b')$. Dann ist: $b = b'$ mod m. Genauso folgt $a = a'$ mod n. Sei umgekehrt $x \in \mathbb{Z}/mn\mathbb{Z}$. $a := x$ mod n und $b := x$ mod m. Dann ist $x = f(a,b)$. □

Aufgaben:

154. Es ist jetzt leicht, die Function **chines(a,b,n,m): zahl** zu schreiben. Empfehlenswert ist, zumindest ein paar selbstgestellte Aufgaben ohne Computer zu lösen.

155. Überlege folgende Modifikation des Beweisverfahrens: Man sucht zuerst r,s, so dass $n \cdot r = 1$ mod m, $m \cdot s = 1$ mod n und setzt $x = a \cdot n \cdot r + b \cdot m \cdot s$. Verwende auch diese Variante, um unsere Function chines zu programmieren.

156. Bestimme (zuerst ohne Computer) eine Lösung:

   (a) $x = 20$ mod 35, $x = 28$ mod 36;

   (b) $x = 10$ mod 19, $x = -2$ mod 28;

   (c) $x = 4421$ mod 5891, $x = 11800$ mod 16200;

   (d) $3x = 5$ mod 77, $x = -6$ mod 12;

   (e) $5x = -3$ mod 11, $-3x = 5$ mod 13;

   (f) $x = a$ mod m, $x = b$ mod $(m+1)$; vergleiche 156a.

157. *Der chinesische Restsatz beim Autofahren:* Der Kilometerzähler eines Autos kann als größten Wert 99999 anzeigen. Eine mitlaufende Kontrolluhr zählt die Kilometer modulo 9. Wie weit ist das Auto gefahren, wenn der Kilometerzähler 49375 und die Kontrolluhr 5 anzeigen?

158. (a) Ermittle alle Lösungen im Intervall $[-1000, +1000]$: $x = 2$ mod 12, $x = -1$ mod 21.

   (b) Ermittle alle Lösungen im Intervall $[-200000, 200000]$: $x = 51$ mod 255, $x = 120$ mod 247.

   (c) Ermittle alle Lösungen im Intervall $[-900, 900]$: $3x = 2$ mod 5 und $11x = -3$ mod 14.

(d) Verwende die Funktion chines, um alle Lösungen $x = a \bmod n$ und $x = b \bmod m$ in einem gegebenen Intervall $[c, d]$ zu finden.

159. Unser Kartentrick – funktioniert er immer? Es ist auf den ersten Blick erstaunlich: Wenn wir mit den Karten ein m-mal-n-Rechteck mit teilerfremden m, n (und selbstverständlich $m, n > 1$) auslegen können, so funktioniert der beschriebene Kartentrick immer. Legen wir beispielsweise $53747712 = 6561 \cdot 8192 = 3^8 \cdot 2^{13}$ Karten (man benötigt aber einen geduldigen Zuschauer!) zuerst als Rechteck mit 6561 Spalten und dann mit 8192 Spalten und deutet der Zuschauer beim ersten Mal auf die Reihe a und beim zweiten Mal auf die Reihe b, so weiß der Magier die Nummer der Karte. Sie ist der 53747712-er Rest von $17432577 \cdot b - 17432576 \cdot a$. Man begründe dies. (Auch ein guter Kopfrechner tut sich hier wohl schwer, auf Anhieb die richtige Karte zu benennen, – aber prinzipiell – wenn genügend Zeit und oder ein Computer vorhanden ist – ist dies möglich). Wir wollen uns jetzt überlegen, ob das Kunststück auch dann mit Erfolg vorgeführt werden kann, wenn m und n nicht teilerfremd sind. Für diese Aufgabe sollen m und n nicht notwendigerweise teilerfremd sein.

(a) Begründe nach dem Vorbild des Beweises zum Chinesischen Restsatz: Ist $x = a \bmod m$ und $x = b \bmod n$, so sind die $x + kgV(m, n) \cdot k$ alle Lösungen des Kongruenzsystems $x = a \bmod m$, $x = b \bmod n$.

(b) Gesucht ist eine Lösung von $x = 17 \bmod 40$ und $x = 7 \bmod 25$. (Man gehe dazu vor wie im Satz 2.9.1 auf Seite 86: $x = 17 + 40 \cdot k = 7 + 25 \cdot l$ und bestimme eine Lösung von $40 \cdot k - 25 \cdot l = -10$.)

(c) Man gebe alle Lösungen des Systems der vorigen Aufgabe an.

(d) Unter welchen Bedingungen hat das simultane System $x = a \bmod m$ und $x = b \bmod n$ mindestens eine (und dann unendliche viele) Lösungen und wann gibt es keine Lösung? Falls es eine Lösung gibt, beschreibe man ein Lösungsverfahren.

(e) Wie viele Lösungen modulo $m \cdot n$ hat das simultane System in (d)?

(f) Begründe: Beim Kartentrick mit 18 mal 24-Rechtecken gibt es für den Zauberer sechs Möglichkeiten, von denen natürlich nur eine die richtige Karte ist. Verallgemeinere auf $m \cdot n$-Rechtecke.

160. *Der chinesische Restsatz und die Technik:* Zwei Zahnräder mit $m = 21$ beziehungsweise $n = 52$ Zähnen greifen ineinander.

(a) Wie viele Umdrehungen muss das große Zahnrad machen, bis wieder – wie zu Beginn – der gleiche Zahn des einen Rades in die gleiche Lücke des anderen greift?

(b) Wir nummerieren die Zähne von 0 bis 20 beziehungsweise die Lücken von 0 bis 51 jeweils im Drehsinn. Zu Beginn treffen Zahn und Lücke mit den Nummern 0 aufeinander. Wie viele Umdrehungen müssen die beiden Räder machen, bis der Zahn mit den Nummer 17 (vom kleineren Rad) und die Lücke mit der Nummer 11 (vom größeren Rad) ineinandergreifen? Kann jede beliebige Zahlenkombination auftreten?

(c) Bei einem zweiten Räderwerk hat das größere Zahnrad 54 Zähne, das kleinere wieder 21. Welche Nummern können jetzt ineinandergreifen, wenn zu Beginn wieder die Nullen aufeinandertreffen? Vergleiche Aufgabe 157.

(d) Ein Zahn ist defekt und nutzt diejenigen Lücken des anderen Rades besonders stark ab, die er berührt. Welche der beiden Zahnübersetzungen (52 : 21 oder 54 : 21) ist hinsichtlich einer gleichmäßigen Abnutzung der Zähne günstiger?

161. *Der chinesische Restsatz in der Astronomie:* Die Umlaufzeiten der Planeten Merkur, Venus und Erde um die Sonne betragen 88, 225 und 365 Tage. Bis zum Erreichen eines bestimmten Bahnradiusvektors s vergehen 15, 43 bzw. 100 Tage. (Man kann annehmen, dass die drei Bahnen in einer Ebene liegen - Zeichnung!) Kann es vorkommen, dass sich

(a) Merkur und Venus,

(b) Merkur und Erde (vgl. 157),

(c) Erde und Venus (vgl. 157)

irgendwann einmal auf dem Strahl s befinden? Nach wie vielen Tagen wird das jeweils sein und in welchen Zeitabständen wiederholt sich das Ereignis? Kann es vorkommen, dass sich alle drei Planeten einmal auf dem Strahl s befinden?

162. Und wieder Zahlenrätsel! Löse die Kryptogramme:

(a) DU x DU = **DU,   (b) EIS x EIS = ***EIS.

Hilfe ist auch von den folgenden (innermathematischen) Anwendungen des Restsatzes zu erwarten.

163. Und jetzt eine eher theoretische Aufgabe! Diese Aufgabe behandelt Kongruenzen der Form $x^2 = x \bmod m$. Eine ganze Zahl x mit dieser Eigenschaft nennen wir idempotentes Element modulo m ($0 < x < m$).

(a) Berechne für $m = 2, \ldots, 50$ die idempotenten Elemente modulo m. Wie viele idempotente Elemente gibt es jeweils? Man schreibe ein Programm, das auch für größere m die Berechnung der Anzahl idempotenter Elemente modulo m gestattet. Welche Vermutung bezüglich dieser Anzahl drängt sich geradezu auf? Wir wollen jetzt unsere Vermutung für solche m beweisen, die (höchstens) zwei verschiedene Primteiler besitzen. Weiter unten wollen wir uns dann einen Beweis für beliebiges m überlegen.

(b) Löse $x^2 = x \bmod 11$ durch Umformen: $x \cdot (x - 1) = 0 \bmod 11$ und begründe allgemein, dass eine Kongruenz $x^2 = x \bmod p$ genau zwei Lösungen hat (modulo p), wenn p eine Primzahl ist.

(c) Löse $x^2 = x \bmod 81$ und verallgemeinere die Aussage in (b) auf Primzahlpotenzen.

(d) Löse modulo 21: $x^2 = x \bmod 21$ wie folgt: $x^2 = x \bmod 21$. Also $x \cdot (x - 1) = 0 \bmod 21$. Und daher $x \cdot (x - 1) = 0 \bmod 3$ und $x \cdot (x - 1) = 0 \bmod 7$.

Daraus ergibt sich ($x = 0 \bmod 3$ und $x = 0 \bmod 7$) oder ($x = 0 \bmod 3$ und $x = 1 \bmod 7$) oder ($x = 1 \bmod 3$ und $x = 0 \bmod 7$) oder ($x = 1 \bmod 3$ und $x = 1 \bmod 7$). Wende (in den beiden mittleren Bedingungen) den chinesischen Restsatz an.

(e) Löse jeweils wie Aufgabe (d):

1) $x^2 = x \bmod 77$;   2) $x^2 = x \bmod 77$;   3) $x^2 = x \bmod 675$.

(f) Beweise: Sind p, q zwei verschiedene Primzahlen, so gibt es modulo $p^r \cdot q^s$ genau vier verschiedene idempotente Elemente.

164. Verwende die Überlegungen von Aufgabe 163 zur Lösung der folgenden Kryptogramme:

(a) ATOM·ATOM=****ATOM.   (b) CHINA·CHINA=*****CHINA.

165. Löse $x^2 = 1 \bmod 10$; $x^2 = 1 \bmod 100$; $x^2 = 1 \bmod 1000$.

166. Zum Schluss noch ein paar Aufgaben, die ein Licht auf die lange Geschichte des chinesischen Restsatzes werfen.

(a) Sun Tsu stellte in seinem Werk Suan ching im vierten Jahrhundert nach Christus in der Form eines Verses folgende Aufgabe: „Es gibt eine unbekannte Zahl von Dingen. Wenn sie mit drei gezählt werden, haben sie einen Rest zwei, wird mit fünf gezählt, einen Rest von drei, mit sieben, einen Rest von zwei. Rate die Zahl der Dinge." Sun Tsu löst die Aufgabe im wesentlichen genauso wie wir das oben im Allgemeinfall gemacht haben.

Dieselbe Aufgabe wurde anscheinend schon im Jahre 100 von dem Griechen Nichomachus gelöst.

(b) Der Inder Bramagupta (598 - 665) stellt folgende Aufgabe: Finde eine Zahl, die beim Teilen durch $6, 5, 4, 3$ die Reste $5, 4, 3, 2$ hat. Hier sind die Zahlen nicht paarweise teilerfremd.

(c) Der Araber Ibn al–Haitam (1000 n. Christus) stellte die Aufgabe: Gesucht ist eine durch 7 teilbare Zahl, die beim Teilen durch $2, 3, 4, 5, 6$ jeweils den Rest 1 lässt. Ibn al–Haitam war ein begabter Mathematiker. Er war wahrscheinlich Wesir in Basra. Der Kalif von Kairo holte ihn zu sich. In Kairo sollte er die Nilüberschwemmungen in den Griff bekommen. Das gelang ihm nicht. Zur Strafe wurde er mit Hausarrest bestraft. Das beflügelte seine mathematische Kreativität. Er war als erster in der Lage, die Summe $1 + 2^4 + \ldots + n^4$ auszurechnen. Von ihm stammt auch ein wichtiger zahlentheoretischer Satz, der sogenannte Satz von Wilson. Wir werden ihn etwas später erklären. Genau die Aufgabe mit der Zahl 7 hat später Leonardo von Pisa in seinem Buch „liber abacci" gestellt. Er hat sie wahrscheinlich von seinem arabischen Lehrer kennengelernt.

(d) Regiomontanus (1436–1476) stellt nach einem Italienaufenthalt die Aufgabe: Welche Zahl lässt beim Teilen durch $10, 13, 17$ jeweils den Rest $3, 11, 15$

Euler, Lagrange und Gauß liefern schließlich Beweise in voller Allgemeinheit. Wir sehen hier ganz deutlich: Es ist eigentlich kein Mathematiker eindeutig als Entdecker des Satzes auszumachen. Jeder Nachkomme denkt über die gelösten Fälle seiner Vorgänger nach. Er versucht, die Aufgaben zu variieren, zu verallgemeinern und zu mächtigeren Sätzen vorzudringen. Auch heute spielt der chinesische Restsatz eine große Rolle in viel allgemeineren Ringen als $\mathbb{Z}$. In der Mathematik veraltet also nichts. Es finden eigentlich keine Revolutionen statt (vergleiche das Buch von Dieudonn)

Wir wollen jetzt einen sehr subtilen, raffinierten Schluss mit dem chinesischen Restsatz kennenlernen. Das Argument geht auf den polnischen Mathematiker Schinzel zurück. Wir beginnen mit einer ganz einfachen Aufgabe:
Gesucht ist eine Potenz a ($= m^n, m > 1, n > 1$), so dass auch $2a$ eine Potenz ist. Die Lösung ist unmittelbar klar: $a = 4$ und $2a = 8$ sind Zweierpotenzen. Ebenso sind $a = 3^n$ ($n > 1$, im Sinne unserer Sprechweise) und $3a$ Potenzen.

Doch nun das erste kleine Problem: Wir suchen eine Potenz a, so dass $2 \cdot a$ und $3 \cdot a$ ebenfalls Potenzen sind. (Man versuche sich zunächst selber an dieser Aufgabe, bevor man weiterliest.) Schnell wird man erkennen, dass der folgende Ansatz zu einer Lösung führt:

$$a = 2^r \cdot 3^s, \quad 2a = 2^{r+1} \cdot 3^s, \quad 3a = 2^r \cdot 3^{s+1}.$$

Damit $a, 2a$ und $3a$ Potenzen sind, müssen $\text{ggT}(r, s) = d > 1$ und $\text{ggT}(r + 1, s) = e > 1$ und $\text{ggT}(r, s + 1) = f > 1$ sein. Dann sind $a, 2a, 3a$ Potenzen mit den Exponenten $d > 1, e > 1, f > 1$. Probieren führt auf $r = 14$ und $s = 6$ (oder $r = 6$, $s = 14$) als kleinstmögliches Paar. Dann ist $a = 2^{14} \cdot 3^6 = 11943936 = 3456^2$ die kleinste Potenz, derart, dass auch $2a$ und $3a$ Potenzen sind. (Es ist $2a = 288^3$ und $3a = 12^7$.)

Sei nun $\mathbb{I}$ irgendeine endliche Menge natürlicher Zahlen. Wie finden wir nun systematisch eine natürliche Zahl a, so dass $i \cdot a$ für alle $i \in \mathbb{I}$ eine Potenz ist? Wir wollen dies beispielhaft für $\mathbb{I} = \{1, 3, 4, 5\}$ vorführen. Das Verfahren ist nicht optimal in dem Sinne, dass es das kleinstmögliche a liefert, doch ist es im Hinblick auf beliebiges $\mathbb{I}$ „sicher".

Wir setzen $a = 3^r \cdot 4^s \cdot 5^t$ und suchen r, s, t, so dass

$$
\begin{aligned}
(*) \quad \text{ggT}(r, s, t) &> 1 \text{ und} \\
\text{ggT}(r + 1, s, t) &> 1 \text{ und} \\
\text{ggT}(r, s + 1, t) &> 1 \text{ und} \\
\text{ggT}(r, s, t + 1) &> 1 \text{ ist.}
\end{aligned}
$$

Wir bilden zuerst das Produkt P der ersten vier Primzahlen: $P = 2 \cdot 3 \cdot 5 \cdot 7 = 210$. Dann wenden wir den chinesischen Restsatz an, und zwar auf: $r = 0 \bmod \frac{P}{2}$; $s = 0 \bmod \frac{P}{3}$; $t = 0 \bmod \frac{P}{4}$; $r = -1 \bmod 2$; $s = -1 \bmod 3$; $t = -1 \bmod 5$. Die vier oben genannten größten gemeinsamen Teiler $(*)$ sind dann $7, 2, 3$ und 5, also jedenfalls > 1. Wir finden (unmittelbar oder mit dem Restsatz) zum Beispiel die Werte $r = 105$, $s = 140$, $t = 84$, also $a = 3^{105} \cdot 4^{140} \cdot 5^{84}$ oder $a_1 = 3^{105} \cdot 4^{35} \cdot 5^{84}$ (wie viele Stellen hat a_1?). Analog beweist man:

Ist $\mathbb{I} \subset \mathbb{N}$ eine endliche Menge. Dann gibt es $a \in \mathbb{N}$, so dass $i \cdot a$ für alle $i \in \mathbb{I}$ eine Potenz ist. Insbesondere gibt es eine Potenz a, so dass für jedes $n \in \mathbb{N}$ auch $2 \cdot a, 3 \cdot a, \ldots, n \cdot a$ eine Potenz ist.

Aufgaben:

167. (a) Konstruiere a, so dass $2 \cdot a, 5 \cdot a, 7 \cdot a$ Potenzen sind.

(b) Ermittle eine möglichst kleine Potenz a, so dass auch $2 \cdot a, 3 \cdot a, 4 \cdot a, 5 \cdot a$ Potenzen sind.

(c) Beweise die obige Behauptung für beliebiges $\mathbb{I}$ in voller Allgemeinheit.

168. Eine kleine mathematische Anwendung: Für jede natürliche Zahl n gibt es eine n-elementige Menge $\mathbb{M}$ natürliche Zahlen, so dass jede beliebige Summe von verschiedenen Zahlen $\in \mathbb{M}$ eine Potenz ist. Beweis: Es gibt ein a, so dass $a, 2 \cdot a, 3 \cdot a, 4 \cdot a, \ldots, \frac{1}{2} n \cdot (n+1) \cdot a$ Potenzen sind. Jede beliebige Summe verschiedener Elemente von $\mathbb{M} = \{a, 2 \cdot a, 3 \cdot a, \ldots, n \cdot a\}$ ist dann von der Form $i \cdot a$ mit $i \in \{1, 2, \ldots, \frac{1}{2} n \cdot (n+1)\}$. Also ist $\mathbb{M}$ die gesuchte Menge. Führe den Beweis genau aus.

169. Konstruiere eine Menge natürlicher Zahlen x, y, z , so dass x, y, z, $x + y$, $x + z$, $y + z$, $x + y + z$ lauter Potenzen sind. Bemerkung („Erdös–Moser Problem", siehe das Buch von R. Guy): Wesentlich schwieriger scheint die Frage zu sein, ob es (für jedes n) n–elementige Mengen gibt, so dass die Summe von je zwei Zahlen aus dieser Menge eine Quadratzahl (allgemeiner: eine k-te Potenz mit einem festen $k > 1$) ist. Beispiele für solche Mengen sind $\{6, 19, 30\}$ oder $\{407, 3314, 4082, 5522\}$ oder $\{7442, 28658, 148583, 177458, 763442\}$ $(k = 2)$ beziehungsweise $\{63, 280, 449\}$ $(k = 3)$. Man bestätige dies durch Nachrechnen und suche weitere derartige Mengen! (In der Literatur sind vereinzelt die Fälle $k = 2$ untersucht. So vermutet man für $n = 6$, $k = 2$, dass es unendlich viele Sextupels gibt, für $n > 6$ weiß man wohl nichts; siehe J. Lagrange, „Six entiers dont les sommes deux à deux sont carrés", Acta Arith. XL (1981), 91-96.)

Wir kehren jetzt wieder zum chinesischen Restsatz selbst zurück. Selbstverständlich untersucht man auch simultane Kongruenzsysteme mit mehr als zwei Kongruenzen. Dies legt etwa eine Verallgemeinerung der Ergebnisse von Aufgabe 163 auf beliebige „Moduln" m mit mehr als zwei verschiedenen Primteilern nahe. Diese Verallgemeinerung behandeln wir später. Ein anderes Beispiel aus der Technik wären Getriebe mit mehr als 2 Räder. Wir geben ein Beispiel aus der Welt der Rätsel:

Jemand denkt sich eine natürliche Zahl zwischen 0 und 1000. Dividiert er die Zahl durch 7, erhält er den Rest a, dividiert er sie durch 11, bleibt Rest b, und teilt er sie durch 13, erhält er den Rest c. Man entwickle eine Formel, mit der man aus a, b, c die gedachte Zahl errechnen kann. Die Aufgabe führt auf ein System mit drei linearen Kongruenzen:

$$(*) \quad x = a \bmod 7; \quad x = b \bmod 11; \quad x = c \bmod 13.$$

x ist die gedachte Zahl ist aus $[0, 1000]$. Wegen $7 \cdot 11 \cdot 13 = 1001$ ist $x \in [0, 1000]$ eindeutig bestimmt ($7, 11, 13$ sind paarweise teilerfremd). Zur Bestimmung einer ganzen Zahl x, die unser lineares Kongruenzsystem löst, gehen wir so vor (anschließend muss man zum gefundenen x nur noch ein ganzzahliges Vielfaches von 1001 addieren, um die gedachte Zahl $\in [0, 1000]$ zu erhalten): Wir erinnern uns: Kannst du eine Aufgabe nicht lösen, so löse zunächst eine einfachere. Einfacher und ganz leicht ist es, die ersten beiden Bedingungen zu erfüllen:

Zunächst ist $1 = 2 \cdot 11 - 3 \cdot 7$. Jedes x von der Form $x = 22a - 21b + 77k$ erfüllt die ersten beiden Kongruenzen. Außerdem ist $x = c + 13 \cdot l$. Es folgt $22a - 21b + 77k = c + 13l$, oder, modulo 13, $k = -c + 9a - 8b$. Insgesamt erhalten wir, dass $x = 22a - 21b + 77(-c + 9a - 8b)$ alle drei gegebenen Kongruenzen erfüllt. Rechnen wir nun noch modulo 1001, so erhalten wir die gesuchte Zahl. Wer etwas über diese Lösung nachdenkt, sieht natürlich sofort, dass hier ein allgemeiner Satz versteckt ist:

Satz 2.9.3 (CHIN. RESTSATZ allgemein) *Seien $m_1, \ldots, m_n$ ganze,. paarweise teilerfremde Zahlen. Weiter seien $a_1, \ldots, a_n$ beliebige ganze Zahlen. Dann besitzt die lineare simultane Kongruenz*

$$
\begin{aligned}
x &= a_1 \bmod m_1 \\
\vdots &= \vdots \\
x &= a_n \bmod m_n
\end{aligned}
$$

genau eine Lösung modulo $m_1 \cdot \ldots \cdot m_n$.

Beweis: Im Beweis geben wir ein anderes Verfahren zur Lösung. Dass es für $0 \le x < m_1 \cdot \ldots \cdot m_n$ höchstens eine Lösung gibt, folgt wie im Falle $n = 2$: Wären $x \le x'$ zwei Lösungen im fraglichen Intervall, so wären alle $m_i, (i \in \{1, \ldots, n\})$, Teiler von $x' - x$, also wäre auch des Produkt der m_i Teiler von $x' - x$. Dies geht wegen $0 \le (x' - x) < m_1 \cdot \ldots \cdot m_n$ nur für $x' - x = 0$. Damit ist bewiesen, dass es modulo $m_1 \cdot \ldots \cdot m_n$ höchstens eine Lösung gibt. Wir müssen noch nachweisen, dass es tatsächlich eine Lösung gibt. Wir setzen dazu: $M = m_1 \cdots m_n$ und $M_i = \dfrac{M}{m_i}$ Da M_i und m_i teilerfremd sind für alle i, gibt es nach Satz 2.4.3 Teil (2) b_i, so dass $b_i \cdot M_i = 1 \bmod m_i$ (i=1,...,n). Dann löst

$$
x = a_1 \cdot b_1 \cdot M_1 + \ldots + a_i \cdot b_i \cdot M_i + \ldots + a_n \cdot b_n \cdot M_n
$$

das gegebene Kongruenzsystem. Denn: Modulo m_i ist $M_j = 0$ für $j \neq i$, also $x = a_i \cdot b_i \cdot M_i = a_i$ nach Wahl von b_i ($b_i \cdot M_i = 1 \bmod m_i$). $\square$

Der Beweis wurde etwas knapp gehalten. Es ist deshalb sehr wichtig, ihn (etwa vor Einsatz eines Rechners) an den folgenden Aufgaben im einzelnen nachzuvollziehen.

Aufgaben:

170. (a) Überprüfe die eben entwickelte Formel an $a = 5, b = 6, c = 8$ im Einstiegsbeispiel (∗) auf Seite 96.

   (b) Löse ebenso: $x = 1 \bmod 5$, $x = 3 \bmod 7$, $x = 5 \bmod 12$.

   (c) Löse ebenso: $x = 109 \bmod 210$, $x = 4 \bmod 1155$, $x = 389 \bmod 5005$.

171. Einige Routineaufgaben zum Einüben: Bestimme jeweils alle Lösungen und, wenn Zahlenwerte angegeben sind, auch die kleinste positive.

   (a) $x = a \bmod 2$, $x = b \bmod 3$, $x = c \bmod 5$ (insbesondere $a = 0$, $b = 1$, $c = 3$);

   (b) $x = a \bmod 3$, $x = b \bmod 5$, $x = c \bmod 7$ (insbesondere $a = 1$, $b = 4$, $c = 2$);

   (c) $x = a \bmod 7$, $x = b \bmod 8$, $x = c \bmod 9$ (insbesondere $a = -2$, $b = 1$, $c = 3$);

   (d) $x = 5 \bmod 16$, $x = -4 \bmod 9$, $x = 9 \bmod 13$;

   (e) $x = a \bmod 3$, $x = b \bmod 5$, $x = c \bmod 7$, $x = d \bmod 11$ (Zahlenwerte: $a = 1$, $b = 2$, $c = 5$, $d = 7$);

   (f) $x = 2 \bmod 8$, $x = 3 \bmod 81$, $x = 4 \bmod 25$, $x = 5 \bmod 11$.

172. Löse das Zahlenrätsel $x = a \bmod 7$, $x = b \bmod 11$, $x = c \bmod 13$ mit der im Beweis des chinesischen Restsatzes verwendeten Methode.

173. *Der chinesische Restsatz beim Frisör:* Hans geht alle 32 Tage, Sepp alle 33 und Andreas alle 37 Tage zum Frisör, der auch samstags und sonntags (und montags) geöffnet hat. Hans lässt sich diese Woche die Haare am Montag, Sepp am Dienstag und Andreas (den Bart) am Freitag schneiden. Nach wie vielen Wochen werden sich alle drei an einem Donnerstag beim Frisör treffen? Werden Sie weitere gemeinsame Gespräche beim Frisör erleben?

174. In der allgemeinen Form des chinesischen Restsatzes kann man eine Lösung auch wie folgt konstruieren (Bezeichnungen im Beweis oben):

    (a) Begründe zuerst, dass $\mathrm{ggT}(M_1, \ldots, M_n) = 1$.

    (b) Dann gibt es ganze Zahlen $k_1, \ldots, k_n$, so dass $1 = \sum\limits_{i=1}^{n} k_i M_i$. Zeige:

$$x = \sum_{i=1}^{n} a_i k_i M_i \text{ ist eine Lösung.}$$

175. Löse:

    (a) $x = 1 \bmod 2$, $2x = 1 \bmod 3$, $3x = 1 \bmod 5$;

    (b) $x = a \bmod 2$, $2x = b \bmod 3$, $3x = c \bmod 5$;

    (c) $2x + 1 = 0 \bmod 3$, $3x - 2 = 0 \bmod 4$, $4x + 2 = 0 \bmod 5$;

    (d) $x - a = 0 \bmod 3$, $3x + b = 0 \bmod 5$, $2x + c = 0 \bmod 7$ ($a = 2$, $b = -c = 1$);

    (e) $3x = 4 \bmod 5$, $3x = 2 \bmod 7$, $3x = -1 \bmod 11$;

    (f) $3(x-2) - 1 = 0 \bmod 4$, $2(x-3) - 1 = 0 \bmod 3$, $2(x-4) - 3 = 0 \bmod 5$;

    (g) $5x - 1 = 2 \bmod 7$, $x - 2 = 2 \bmod 8$, $4(x+1) = -1 \bmod 9$;

    (h) $3x - 2 = 3 \bmod 4$, $3(x+1) - 2 = 1 \bmod 9$, $3(x+2) - 2 = 4 \bmod 25$;

Das verteilte Geheimnis – oder: Wir beraten eine Bank. Die drei Vorstandsmitglieder einer Bank verwalten die Geheimnummer zu einem Tresor. Der Tresor soll von je zwei der drei Direktoren geöffnet werden können, nicht aber schon von einem. Wir wählen dazu drei paarweise teilerfremde natürliche Zahlen $m_1 < m_2 < m_3$, so dass $M = m_1 \cdot m_2 > m_3 = N$ gilt und der „Sicherheitsfaktor" $\frac{M}{N}$ möglichst groß ist. Ein Beispiel: $m_1 = 100001, m_2 = m_1 + 1 = m_3 - 1$. Der Sicherheitsfaktor $\frac{M}{N}$ liegt in der Nähe von 100000. Die Tresornummer T soll eine elfstellige Dezimalzahl sein:

$$N < T < M, \text{ hier also:}$$

$$00000100000 < T < 10000300002.$$

Der erste Bankdirektor erhält die Information $I_1 = T_1 \bmod m_1$, entsprechend der zweite $I_2 = T \bmod m_2$ und der dritte $I_3 = T \bmod m_3$. Zwei der drei Teilinformationen legen T fest. Denn nach dem chinesischen Restsatz gibt es modulo $m_1 \cdot m_2 = M \geq T$ genau eine Lösung des Systems

$$x = I_i \bmod m_i$$
$$x = I_j \bmod m_j \quad (i \neq j, i, j = 1, 2, 3).$$

Diese eine Lösung ist T.

Andererseits bestimmt ein I_i alleine T nur $\bmod m_i < m_3 = N$. Aus $N \leq I_i + k m_i < M$ folgt leicht, dass es mindestens $\frac{M-N}{m_i} \geq \frac{M-N}{N} = \frac{M}{N} - 1$ mögliche Werte für T gibt. In unserem Beispiel müsste also ein Bankdirektor alleine unter Umständen an die 100000 mögliche Ziffernkombinationen durchprobieren, wollte er den Safe öffnen. Legt man für eine Nummerneinstellung auch nur zwei Sekunden zugrunde, so benötigte man dafür (in dem für den betrügerischen Bankdirektor ungünstigsten Fall) mehr als 27 Stunden!

176. Erarbeite einer Bank mit fünf Vorstandsmitgliedern ein ähnliches Sicherheitskonzept für die Nummer des Tresors. Dabei soll die Geheimnummer bekannt sein, sobald drei der Direktoren zusammen sind, nicht aber bei zwei. Der Sicherheitsfaktor soll wieder etwa $100000 = 10^5$ (oder mehr) betragen.

177. (a) Bestimme alle Lösungen mod 60 (vgl. auch Aufgabe 163)
    i) $x^2 = x \bmod 60$;   ii) $x^2 = 1 \bmod 60$ (2 Aufgaben).

    (b) Wie vorher mod 700: i) $x^2 - x = 0 \bmod 700$; ii) $x^2 - 1 = 0 \bmod 700$.

    (c) Bestimme modulo 210 die Idempotenten und die „Wurzeln" aus 1.

    (d) Ein reelles Polynom vom Grade 2 kann bekanntlich höchstens zwei Nullstellen haben. Gilt diese Aussage auch für quadratische Polynome modulo einer ganzen Zahl m?

178. Beweise in Verallgemeinerung von Aufgabe 163: Ist $m = p_1^{r_1} \cdot \ldots \cdot p_n^{r_n}$ die Primfaktorzerlegung von m, so gibt es genau 2^n (inkongruente) Lösungen modulo m.

Weitere innermathematische Anwendungen!

Als mathematische Anwendung wollen wir eine Aufgabe aus der XXX. Internationalen Mathematik-Olympiade 1989 (IMO) mit Hilfe des chinesischen Restsatzes beweisen und etwas verallgemeinern.

IMO 1989: Man zeige: Für jede natürliche Zahl n gibt es n aufeinander folgende natürliche Zahlen, von denen keine eine Primzahlpotenz ist. (Dieser Satz besagt also, dass die Lücken der Primzahlpotenzen, also auch der Primzahlen, beliebig groß werden kann: Zur Einstimmung suche man eine „Primzahlpotenzenlücke" der Länge mindestens 3.)

Wir zeigen sogleich die etwas allgemeinere Aussage: Für jede natürliche Zahl n gibt es in jeder nicht konstanten arithmetischen Folge n aufeinander folgende Glieder, von denen keine eine Primzahlpotenz ist.

Beweis: Wenn $ax+b$ $(a \neq 0, x = 0, 1, 2, \ldots)$ das Bildungsgesetz der arithmetischen Folge ist, so wählen wir $2n$ verschiedene Primzahlen $p_{1,1}$, ..., $p_{2,n}$, die alle teilerfremd zu a sind. Dies ist möglich, da es unendlich viele Primzahlen gibt, a aber nur endlich viele Primteiler hat. Die Kongruenzsysteme

$$
\begin{aligned}
a \cdot x + b &= 0 \bmod p_{1,1} \cdot p_{2,1} \\
a \cdot (x+1) + b &= 0 \bmod p_{1,2} \cdot p_{2,2} \\
\ldots &= \ldots \\
a \cdot (x+n-1) + b &= 0 \bmod p_{1,n} \cdot p_{2,n}
\end{aligned}
$$
und
$$
\begin{aligned}
x &= -a_1 \cdot b \bmod p_{1,1} \cdot p_{1,2} \\
x &= -a_2 b - 1 \bmod p_{2,1} \cdot p_{2,2} \\
\ldots &= \ldots \\
x &= -a_n b - (n-1) \bmod p_{1,n} \cdot p_{2,n}
\end{aligned}
$$

sind äquivalent.

Für $i \in \{1, \ldots, n\}$ ist dabei $a_i \cdot a = 1 \bmod p_{1,i} \cdot p_{2,i}$ (Beachte: $\mathrm{ggT}(a, p_{1,i} \cdot p_{2,i}) = 1$.) Da die Moduln paarweise teilerfremd sind, besitzt das zweite System nach dem chinesischen Restsatz stets eine Lösung x, die sogar durch geeignete Addition eines Vielfachen von $p_{1,1} \cdot \ldots \cdot p_{2,n}$ positiv gewählt werden kann. Das heißt aber, dass wir n aufeinander folgende Zahlen $x, \ldots, x + (n-1)$ gefunden haben, die alle durch ein Produkt zweier verschiedener Primzahlen teilbar sind. Keine der n Zahlen ist also Primzahlpotenz. Das war zu beweisen. $\square$

Aufgaben:

179. (a) Führe diesen Beweis speziell für die IMO-Aufgabe durch.

  (b) Konstruiere mit diesem Beweis drei aufeinander folgende natürliche Zahlen, die alle keine Primzahlpotenzen sind, und vergleiche mit dem kleinsten derartigen Tripel.

(c) Suche vier (fünf) aufeinander folgende Zahlen, die alle keine Primzahlpotenzen sind.

(d) Wir beweisen die IMO-Aufgabe noch ohne chinesischen Restsatz: Dazu wählen wir $x = ((n + 1)!)^2 + 1$. Beweise, dass $x + 1, \ldots, x + n$ alle keine Primzahlpotenzen sind. Löse mit dieser Methode auch die Aufgaben (b) und (c). Vergleiche!

(e) Untersuche genauer die Frage, welches die kleinste Zahl x ist, derart dass $x, x + 1, x + 2, \ldots, x + (n - 1)$ keine Primzahlpotenzen sind (Bemerkungen: Verlangt man nur, dass $x + 1, x + 2, \ldots, x + n$ keine Primzahlen sein sollen, so kann man $x = (n + 1)! + 1$ nehmen. Interessant sind ferner Fragen derart, wie viele aufeinander folgende Primzahlen es in einer gegebenen arithmetischen Folge maximal geben kann. Näheres hierzu findet man in Sierpinskis „Elementary Number Theory" oder in dem mehrfach zitierten Buch von Ribenboim.

Übrigens sagt ein berühmter Satz von Dirichlet, dass es in jeder arithmetischen Folge $ax + b$ mit $\mathrm{ggT}(a, b) = 1$ unendlich viele Primzahlen gibt. Der Beweis überschreitet bei weitem den Rahmen dieses Buches. Beweise findet man etwa in dem Buch von Scharlau und Opolka („Eine Anschaffung fürs Leben!") oder auch in dem Buch von Serre.)

180. Die folgenden Aufgaben sind weitere Beispiele für nicht ganz einfache, zum Teil sogar recht raffinierte mathematische Anwendungen des chinesischen Restsatzes. Wer Freude an solchen Gedankengängen hat, mag sich hieran üben. Eine natürliche Zahl heißt quadratfrei, wenn sie von keiner Quadratzahl > 1 geteilt wird.

(a) Gib die ersten 30 quadratfreien Zahlen an.

(b) Eine Scherzfrage: Gibt es für jede natürliche Zahl n mindestens n aufeinander folgende natürliche Zahlen, die alle quadratfrei sind?

(c) Beweise: Für jedes n gibt es n aufeinander folgende natürliche Zahlen, die alle nicht quadratfrei sind.

(d) Gib in (c) Beispiele für $n = 3$, $n = 4$, und $n = 5$.

(e) Verallgemeinere (c) für beliebige arithmetische Folgen. (Bemerkung: Die Wahrscheinlichkeit, dass eine natürliche Zahl quadratfrei ist, ist $\frac{6}{\pi^2}$. Für $x > 25$ gibt es mindestens $0,1 \cdot x$ quadratfreie Zahlen bis x.)

(f) Beweise wie in (c): Sind k, n natürliche Zahlen, so gibt es n aufeinander folgende natürliche Zahlen, die alle durch eine k-te Potenz > 1 (nicht ein und dieselbe!) teilbar sind.

(g) Verallgemeinere (f) auf beliebige arithmetische Folgen! (Bemerkung: Nach früheren Ausführungen gibt es zu jedem n eine arithmetische Folge, deren erste n Glieder Potenzen sind. Gibt es auch zu jedem n eine arithmetische Folge, deren erste n Glieder k-te Potenzen sind - bei festem $k > 1$?)

(h) Suche in (f) Beispiele für $k = 3$ und $n = 4$ und $k = 10$, $n = 2$. Experimentiere selbst mit weiteren Beispielen.

181. d sei eine positive Zahl verschieden von $2, 5, 13$.

(a) Gesucht ist $d > 1$ so, dass für je zwei verschiedene Zahlen a, b in der Menge $\{2, 5, 13, d\}$ die Differenz $a \cdot b - 1$ nicht quadratfrei ist. Warum gibt es unendlich viele solche Zahlen d?

(b) Beweise: In der Menge $\{2, 5, 13, d\}$ gibt es stets zwei verschiedene Zahlen a, b, so dass $a \cdot b - 1$ keine Quadratzahl ist. (Dies ist schwerer als (a) zu beweisen. Die Aufgabe (b) wurde auf der IMO 1986 gestellt.)

182. (a) Ist jede natürliche Zahl Differenz zweier teilerfremder Zahlen? (Man kann sogar – mit dem chinesischen Restsatz – beweisen, dass jede gerade Zahl als Differenz zweier natürlicher Zahlen darstellbar ist, die beide zu einer beliebig vorgegebenen natürlichen Zahl teilerfremd sind. Viel schwerer ist die Frage, ob jede gerade Zahl Differenz zweier Primzahlen ist. Unseres Wissens ist sie noch unbeantwortet.)

(b) $a < b$ sind zwei verschiedene natürliche Zahlen. Gibt es stets einen natürliche Zahl n, dass $a + n$ und $b + n$ teilerfremd sind?

(c) $a < b < c < d$ sind vier verschiedene natürliche Zahlen. Gibt es stets eine natürliche Zahl n, so dass $a + n, b + n, c + n, d + n$ paarweise teilerfremde Zahlen sind?

(d) Man finde n, so dass $2 + n, 4 + n, 24 + n$ paarweise teilerfremd sind.

(e) Es sind $a < b < c$ drei verschiedene natürliche Zahlen. Beweise, dass es eine natürliche Zahl n gibt, so dass die $a + n, b + n, c + n$ paarweise teilerfremd sind. (Anleitung: $\text{ggT}(a + n, b + n) = \text{ggT}(b - a, b + n)$, analog: $\text{ggT}(a + n, c + n), \text{ggT}(b + n, c + n)$. $p_1, \ldots, p_r$ seien die verschiedenen Primteiler von $b - a$, $q_1, \ldots, q_s$ seien die verschiedenen Primteiler von $c - a$ und $r_1, \ldots, r_t$ seien die verschiedenen Primteiler von $c - b$. Jetzt wende man den chinesischen Restsatz an auf ein geeignetes Kongruenzsystem $b + n \equiv 1 \bmod p \ldots$ (zunächst $i + j + k$ Kongruenzen). Dabei ist ein kleine, aber entscheidende Zusatzüberlegung erforderlich: Ist nämlich $\text{ggT}(b - a, c - a) > 1$, also etwa $q = p$, so gilt $b \equiv c \bmod p$. Jetzt kann man überflüssige Kongruenzen weglassen und mit dem chinesischen Restsatz schließen.)

183. Gitterpunkte sind Punkte mit lauter ganzzahligen Koordinaten. Uns interessieren in (a) bis (c) Gitterpunkte in der Ebene, also Elemente von $\mathbb{Z}^2$. Ein Punkt P heißt von einem Gitterpunkt Q aus sichtbar (und umgekehrt), wenn auf der Strecke $[PQ]$ außer P und Q keine weiteren Gitterpunkte mehr liegen

(a) $A(0,0)$, $B(1,0)$, $C(0,1)$, $D(1,1)$ sind vier Gitterpunkte. Warum gibt es keinen von A, B, C, D verschiedenen Gitterpunkt E, der von allen vier anderen Gitterpunkten aus sichtbar ist?

(b) Zeige, dass die Gitterpunkte $Q(q, kq + 1)$ für $k, q \in \mathbb{Z}$, vom Ursprung $(0, 0)$ aus sichtbar sind.

(c) Sind A, B, C drei Gitterpunkte, so gibt es stets einen vierten Gitterpunkt D, der von allen drei Punkten A, B, C aus sichtbar ist. Beweise dies! (Überlege dazu zuerst, dass man entweder die x-Koordinaten der drei Punkte A, B, C oder deren y-Koordinaten als verschieden annehmen kann. Wende dann Aufgabe 179 (e) an und schließe unter Beachtung von Aufgabe 180 (b) mit dem chinesischen Restsatz!)

(d) Versuche, auf „höherdimensionale" Gitter $\mathbb{Z}^n$ zu verallgemeinern!

Zu 180 (b) lese man auch in dem Buch von A. Engel den Abschnitt „Sichtbare Punkte im Gitter".

2.10   Die Euler-Funktion

Wir haben in Satz 2.4.3 festgestellt: Ist $\mathrm{ggT}(a, n) = 1$, dann gibt es $x, y \in \mathbb{Z}$ mit $1 = ax + ny$. Rechnen wir modulo n, dann ergibt sich: $a \cdot x = 1 \bmod n$. Das heißt, es gibt eine Zahl x, so dass $a \cdot x$ beim Teilen durch n den Rest 1 lässt. Wir sagen a ist invertierbar in $\mathbb{Z}/n\mathbb{Z}$. Interessant ist es zu wissen, wie viele solche zu n teilerfremden natürlichen Zahlen $\leq n$ es gibt.

Definition 2.11 Sei $n \in \mathbb{N}$, so ist $\phi(n)$ die Anzahl der zu n teilerfremden natürlichen Zahlen $\leq n$. Das ist die Anzahl der invertierbaren Elemente in $\mathbb{Z}/n\mathbb{Z}$.

Eine erste kleine Wertetabelle sieht so aus

n	1	2	3	4	5	6	7	8	9	10	..	n
$\phi(n)$	1	1	2	2	4	2	6	4	6	4	..	?

Bei diesen kleinen Zahlen können die zu n teilerfremden mit ein wenig
Mühe direkt aufgezählt werden. Wie sieht es aber bei größeren n aus?
Beispielsweise $n = 24$. Wir schreiben $C_d = \{x \mid x \leq n$ und $\mathrm{ggT}(x, n) = d\}$.
Im Falle $n = 24$ können wir alle C_d angeben. Dabei ist es sehr hilfreich,
wenn du vorher feststellst: $\mathrm{ggT}(x, n) = d$ für $x \leq n$ genau dann, wenn
$\mathrm{ggT}(\frac{x}{d}, \frac{n}{d}) = 1$ ist. Du brauchst also nur noch alle Zahlen zu suchen, die
zu $\frac{n}{d}$ teilerfremd sind. Das sind aber genau $\phi(\frac{n}{d})$ Stück.

$$
\begin{aligned}
C_1 &= \{1, 5, 7, 11, 13, 17, 19, 23\} \\
C_2 &= \{2, 10, 14, 22\} \\
C_3 &= \{3, 9, 15, 21\} \\
C_4 &= \{4, 20\} \\
C_6 &= \{6, 18\} \\
C_8 &= \{8, 16\} \\
C_{12} &= \{12\} \\
C_{24} &= \{24\}
\end{aligned}
$$

Bildest du jetzt die Summe über sämtliche Anzahlen der C_d, so solltest du
feststellen: Die Summe ist wunderbarerweise 24. Hätten wir also vorher
nur die Werte von $\phi(n)$ für alle echten Teiler von 24 gewusst, so hätten wir
aus dieser Gleichung $\phi(24)$ berechnen können. Bei genauerem Nachdenken
bemerken wir aber: So seltsam ist obige Tatsache hinwiederum nicht. Denn
irgend einen ggT muss ja eine Zahl $x \leq n$ mit n haben. Also es gilt:

Satz 2.10.1 *Für alle natürlichen Zahlen n ist* $n = \displaystyle\sum_{d \mid n} \phi(d)$. *Das heißt, n
ist die Summe aller $\phi(d)$, wobei d alle Teiler von n durchläuft.*

Beweis: $C_d = \{x \mid x \leq n$ und $\mathrm{ggT}(x, n) = d\}$. Dann ist $\{1, 2, \ldots, n\} = \displaystyle\bigcup_{d \mid n} C_d$ (das ist die Vereinigung aller Mengen C_d, für die d ein Teiler von n
ist) und Anzahl$(C_d) = \phi(\frac{n}{d})$. Da die Mengen C_d elementfremd sind, folgt
die Behauptung. $\qquad\qquad\qquad\qquad\qquad\qquad\qquad\qquad\qquad\qquad\qquad\square$

Hieraus ergibt sich nun $\phi(m)$ sofort, wenn m eine Primzahlpotenz ist.

Satz 2.10.2 *Für jede Primzahl p und jedes $n \in \mathbb{N}$ gilt:*

$$
\phi(p^n) = p^n \cdot (1 - 1/p) = p^{n-1} \cdot (p - 1).
$$

Beweis: Es ist

$$p^n = \phi(1) + \phi(p) + \ldots \phi(p^n)$$
$$p^{n-1} = \phi(1) + \phi(p) + \ldots \phi(p^{n-1}).$$

Also gilt: $\phi(p^n) = p^n - p^{n-1}$.   □

Wenn m und n teilerfremd sind, helfen uns zur Berechnung von $\phi(m \cdot n)$ die Überlegungen zum chinesischen Restsatz weiter. Wir hatten dort die Funktion

$$\text{chines}(a, b) := a + m \cdot r \cdot (b - a) = b + n \cdot s \cdot (a - b)$$

betrachtet. Dabei ist $m \cdot r + n \cdot s = 1$. Diese Abbildung hat nun noch eine besondere Eigenschaft.

Satz 2.10.3 *Sind m und n teilerfremd, dann gilt:*
$\text{ggT}(a, m) = 1 = \text{ggT}(b, n)$ *genau dann, wenn* $\text{chines}(a, b)$ *zu $m \cdot n$ teilerfremd ist.*

Beweis:
Sei zunächst $\text{ggT}(a, m) = 1 = \text{ggT}(b, n)$. Außerdem sei
$c = \text{ggT}(\text{chines}(a, b), m \cdot n)$. Dann ist $\text{chines}(a, b) = c \cdot d$ und $m \cdot n = c \cdot e$
für gewisse $d, e \in \mathbb{N}$. Es folgt
$\text{chines}(a, b) \cdot e = c \cdot d \cdot e = c \cdot e \cdot d = m \cdot n \cdot d$. Daraus ergibt sich:

$$\text{chines}(a, b) \cdot e$$
$$= a \cdot e + m \cdot r \cdot (b - a) \cdot e = b \cdot e + n \cdot s(a - b) \cdot e = m \cdot n \cdot e$$
$$a \cdot e = 0 \bmod m$$
$$b \cdot e = 0 \bmod n.$$

Nun ist $\text{ggT}(a, m) = 1$ und $\text{ggT}(b, n) = 1$. Also ist a invertierbar in $\mathbb{Z}/m\mathbb{Z}$ und b invertierbar in $\mathbb{Z}/n\mathbb{Z}$. Daher muss $e = 0 \bmod m$ und $e = 0 \bmod n$ sein. Also sind m und n Teiler von e, und wegen Satz 2.4.3 ist $m \cdot n$ Teiler von e. Also gibt es ein k mit $e = k \cdot mn$. Und daher ist $mn = c \cdot k \cdot mn$, also $1 = ck$. Das heißt $c = 1$. c war aber der $\text{ggT}(\text{chines}(a, b), mn)$.

Sei nun umgekehrt $\text{ggT}(\text{chines}(a, b), mn) = 1$. Dann gibt es ein $x \in \mathbb{N}$ mit

$$\text{chines}(a, b) \cdot x = a \cdot x + m \cdot r \cdot (b - a) \cdot x = b \cdot x + n \cdot s(a - b) \cdot x = 1 \bmod mn.$$

Das heißt: $ax = 1 \bmod m$ und $bx = 1 \bmod n$. $\square$

Folgerung 2.10.4 *Sind m, n teilerfremde natürliche Zahlen, so ist:*

$$\phi(m \cdot n) = \phi(m) \cdot \phi(n).$$

Beweis: Die Abbildung chines ist umkehrbar, wie wir früher festgestellt haben. Außerdem ordnet sie jedem Paar $(a, b) \in \mathbb{Z}/m\mathbb{Z} \times \mathbb{Z}/n\mathbb{Z}$, bei dem $\mathrm{ggT}(a, n) = 1$, und $\mathrm{ggT}(b, m) = 1$ ist eine zu $m \cdot n$ teilerfremde Zahl zu. Also gibt es in $\mathbb{Z}/mn\mathbb{Z}$ genausoviel zu mn teilerfremde Zahlen wie es solche Paare gibt. Das sind aber genau $\phi(m) \cdot \phi(n)$. $\square$

Satz 2.10.5 *Ist $n = p_1^{r_1} \cdot \ldots \cdot p_k^{r_k}$, so ist $\phi(n) = p_1^{r_1 - 1} \cdot (p_1 - 1) \cdot \ldots \cdot p_k^{r_k - 1} \cdot (p_k - 1)$*

Beweis: Wir brauchen nur die beiden letzten Sätze auf n anzuwenden. $\square$

Aufgaben:

184. Bestimme alle invertierbaren Elemente in $\mathbb{Z}/21\mathbb{Z}$; $\mathbb{Z}/63\mathbb{Z}$; $\mathbb{Z}/49\mathbb{Z}$.

185. Löse die lineare Gleichung: $7 \cdot x + 14 = 3$ in $\mathbb{Z}/45\mathbb{Z}$.

186. Berechne $\phi(10^n)$.

187. Für welche n ist $\phi(n)$ ungerade?

188. Beweise:

    Das arithmetische Mittel aller zu n teilerfremden Zahlen $< n$ ist $\frac{n}{2}$.

189. Berechne die letzten 5 Ziffern von 3^{327}.

190. Schreibe ein Programm, um $\phi(n)$ zu berechnen,

    (a) indem du nur die Definition benutzt;

(b) indem du rekursiv die hergeleitete Summenformel benutzt;

(c) indem du folgendermaßen vorgehst: Bestimme zunächst den kleinsten Primteiler p von n. Dann bestimme die höchste Potenz von p etwa p^k, die in n aufgeht. Dann ist $\phi(n) = (p-1) \cdot p^{k-1} \cdot \phi(\frac{n}{p^k})$. Benutze diese Tatsache, um $\phi(n)$ rekursiv zu berechnen.

(d) Berechne $\phi(n)$ über Satz 2.10.5. Das heißt, es muss zunächst die Primfaktorzerlegung bestimmt werden.

Vergleiche in allen Fällen die Rechenzeiten und die Länge des Programms.

191. Bestimme mit dem Computer Zahlen, für die $\phi(n) = \phi(n+1)$ gilt. Es ist unbekannt, ob es unendlich viele Zahlen von diesem Typ gibt (siehe das Buch von Sierpinski, Seite 231). Für viele weitere ungelöste Probleme um die Euler-Funktion konsultiere man die Bücher von Ribenboim oder Sierpinski.

192. Euler bewies den Satz 2.10.4 zunächst folgendermaßen:

(a) Sei n eine zu d teilerfremde Zahl. In der arithmetischen Folge $a, a + d, \ldots, a + (n-1) \cdot d$ teilen wir jedes Folgenglied durch n. Dann kommt jeder mögliche Rest genau einmal vor.

(b) Seien nun $\alpha_1, \alpha_2, \ldots, \alpha_{\phi(n)}$ alle natürlichen Zahlen $< n$, die teilerfremd zu n sind. Dann kann man die zu n teilerfremden Zahlen in folgendem Schema anordnen.

α_1	α_2	$\cdots$	$\alpha_{\phi(n)}$
$n + \alpha_1$	$n + \alpha_2$	$\cdots$	$n + \alpha_{\phi(n)}$
$2n + \alpha_1$	$2n + \alpha_2$	$\cdots$	$n + \alpha_{\phi(n)}$
$\cdots$	$\cdots$	$\cdots \cdots$	
$(m-\alpha_1)n + \alpha_1$	$(m-\alpha_1)n + \alpha_2$	$\cdots$	$(m-\alpha_1)n + \alpha_{\phi(n)}$

Nun zeigte er: In der ganzen Tafel kommen nur zu n und m, also zu nm teilerfremde Zahlen vor. Führe den Beweis aus.

193. Der Beweis von Satz 2.10.3 war insofern etwas ekelhaft als die vielen Buchstaben sehr verwirren. Deswegen wollen wir einen etwas „moderneren" Beweis zeigen. Er benutzt den Begriff „Homomorphismus". Was ist das nun wieder? Ein Ringhomomorphismus ist eine Abbildung von einem Ring R in einen Ring S, $\varphi : R \to S$ mit $\varphi(x+y) = \varphi(x) + \varphi(y)$ und $\varphi(x \cdot y) = \varphi(x) \cdot \varphi(y)$ für alle $x, y \in R$. Wir erklären auf $\mathbb{Z}/m\mathbb{Z} \times \mathbb{Z}/n\mathbb{Z} = \{(a,b) | a \in \mathbb{Z}/m\mathbb{Z}, b \in \mathbb{Z}/n\mathbb{Z}\}$ komponentenweise eine Addition und Multiplikation:

$$(a, b) + (c, d) := ((a + c) \bmod m, (b + d) \bmod n)$$

$$(a, b) \cdot (c, d) := ((a \cdot c) \bmod m, (b \cdot d) \bmod n)$$

(a) Zeige: Durch diese Addition und Multiplikation wird $R := \mathbb{Z}/m\mathbb{Z} \times \mathbb{Z}/n\mathbb{Z}$ zu einem kommutativen Ring. (Siehe auch Satz 2.5.3).

Welches sind die invertierbaren Elemente in R?

(b) Zeige: Die Zuordnung $f : \mathbb{Z}/mn\mathbb{Z} \in x \mapsto (x \bmod m, x \bmod n) \in R$ ist ein Homomorphismus. Zeige nun: chines $\circ f = Id_R$. f ist ein umkehrbarer Homomorphismus, der umgekehrte chines.

(c) Zeige: e ist genau dann in $\mathbb{Z}/m\mathbb{Z}$ invertierbar, wenn $f(e)$ in R invertierbar ist. Folgere nun den Satz 2.10.3 aufs neue.

Durch die Überlegungen zu dieser Aufgabe wird noch eine weiter Bedeutung des chinesischen Restsatzes klar. Durch ihn kann man viele Fragestellungen auf kleinere Zahlen reduzieren. Ein Beispiel: Wir möchten wissen, welche Zahlen Quadrate modulo $m \cdot n$ sind. Dabei sollen m, n teilerfremd sein. Zum Beispiel sind $0, 1, 4$ die Quadrate modulo 5 und $0, 1, 2, 4$ die Quadrate modulo 7. Was sind die Quadrate modulo 35?

Mache dir selber Beispiele mit m und n derart, dass der Rechner noch mit m und n rechnen kann, aber nicht mehr mit $m \cdot n$.

3 Der kleine Fermatsche Satz

„Und welch herrliche Fahrt das war! Die ersten sechzig Werst ging es durch dichten Fichtenwald, nur hie und da von unzähligen größeren und kleineren Seen unterbrochen... Man träumte eine Weile, dann erwachte man durch einen heftigen Stoß und konnte sich anfangs nicht zurecht finden... Das alles ist so seltsam neu, dass man auf einmal gar nichts mehr fühlt und denkt; ... Plötzlich fällt ein heller Strahl ins Bewusstsein: Wo sind wir? Wohin reisen wir und wieviel Neues und Schönes steht uns bevor?– und die Seele wird von hellem, atembeklemmendem Glück ganz erfüllt."([Kow68], Seite 138)

3.1 Kleiner Fermat

„Dieser Satz, welcher sowohl wegen seiner Eleganz als wegen seines hervorragenden Nutzens höchst bemerkenswert ist, wird nach seinem Erfinder Fermatsches Theorem genannt." C.F.Gauß.

Sortieren eines Kartenstapels:

Lieber Leser! Du wirst des Rechnens müde sein. Wir schlagen eine kleine Erholungspause vor. Bewaffne dich mit einem Stapel von 36 Spielkarten. Wir denken uns die Karten von unten nach oben durchnummeriert. Die obere Hälfte darfst du abheben und links neben die untere Hälfte legen. Einer der Autoren, Josef, nimmt jetzt zunächst von links unten und dann von rechts unten eine Karte und legt sie auf einen neuen Stapel. Das macht er, bis alle Karten auf dem neuen Haufen liegen. Wo wird nun jetzt die Karte liegen, die vorher die Nummer 19 hatte? Na ja, wo wohl? Es gehört noch zur Erholung, eine vollständige Zuordnungstabelle aufzustellen.

Nummer im alten Stapel:	1	2	3	...	18	19	20	21	22	...	36
Nummer im neuen Stapel:	2	4	6	...	36	1	3	5	7	...	35

Frage: Wie oft muss man in der beschriebenen Art und Weise den Satz Karten umsortieren, damit die Karten wieder in der ursprünglichen Reihenfolge im Stapel liegen?

Lösung: Aus der Tabelle T entnehmen wir, dass die Karte, die ursprünglich an der Stelle a ($a \in \{1, 2, \ldots, 36\}$) im Stapel lag (kurz: „die Karte a"), nach dem ersten Umsortieren die Position a^* einnimmt, wobei gilt: $a^* = 2 \cdot a \bmod 37$ ($1 \leq a \leq 36$). Sortieren wir auf diese Weise n-mal um, so liegt die Karte a dann an der Stelle a^* ($1 \leq a \leq 36$) mit $a^* = 2^n \cdot a \bmod 37$. Wir suchen n, so dass $a^* = a$ für alle a, also: $a = a^* = 2^n \cdot a \bmod 37$. Dies ist gleichbedeutend mit $2^n = 1 \bmod 37$. Wir suchen also eine (möglichst kleine) natürliche Zahl n ($n > 0$), so dass 2^n bei Division durch 37 den Rest 1 lässt. Dazu schauen wir uns die Plätze der 36 Karten nach dem erstmaligen Umsortieren, also die Reste modulo 37 der 36 Zahlen $2 \cdot 1, 2 \cdot 2, \ldots, 2 \cdot 36$ genauer an. Nach Tabelle T sind diese Reste wieder gerade die Zahlen von 1 bis 36, und jede der Zahlen tritt genau einmal als Rest auf. Aufmultiplizieren der Reste von $2 \cdot 1, 2 \cdot 2, \ldots, 2 \cdot 36$ und andererseits der Zahlen von 1 bis 36 ergibt dann genau denselben Wert. Das heißt:

$$(2 \cdot 1) \cdot (2 \cdot 2) \cdot (2 \cdot 3) \cdot \ldots \cdot (2 \cdot 36) = 1 \cdot 2 \cdot 3 \cdot \ldots \cdot 36 \bmod 37.$$

Die linke Seite enthält sechsunddreißig Mal den Faktor 2, so dass wir (mit der Fakultätschreibweise $n! = 1 \cdot 2 \cdot \ldots \cdot n$) umformen können zu

$$2^{36} \cdot 36! = 36! \bmod 37.$$

Da die Primzahl 37 keine der Zahlen von 1 bis 36 teilt, also 36! und 37 teilerfremd sind, folgt: $2^{36} = 1 \bmod 37$. Das war unser Ziel, und wir formulieren das Ergebnis:

Ordnet man den Stapel mit den 36 Karten sechsunddreißig Mal um, so erhält man wieder die ursprüngliche Reihenfolge der Karten. (Tatsächlich muss man sechsunddreißig Mal umordnen, und es geht nicht mit weniger Schritten. Das kannst du etwas mühselig bestätigen, indem du alle Reste von 2^n modulo 37 für $n = 1$ bis 36 nachrechnest – oder …– aber dazu später!)

Die Aussage $2^{36} = 1 \bmod 37$ lässt sich leicht allgemeiner formulieren und mit der eben verwendeten Idee auch beweisen:

Satz 3.1.1 (Kleiner Fermat) *Ist p eine Primzahl, a eine ganze Zahl, die kein Vielfaches von p ist, dann gilt:*

$$a^{p-1} = 1 \bmod p.$$

Sofort folgt für alle ganzen a: Ist p Primzahl, dann ist: $a^p = a \bmod p$.

Beweis: Die $p-1$ Reste von $1 \cdot a, 2 \cdot a, 3 \cdot a, \ldots, (p-1) \cdot a$ bei Division durch p sind paarweise verschieden und ungleich Null. Denn aus $i \cdot a = j \cdot a \bmod p$ für $1 \le i, j \le p - 1$ folgte – wegen $\mathrm{ggT}(p, a) = 1$: $i = j \bmod p$. Wegen $1 \le i, j \le p - 1$ müsste dann $i = j$ sein. Wir haben also $p - 1$ verschiedene Reste aus der Menge der $p - 1$ Zahlen $1, 2, \ldots, p - 1$. Also sind diese Reste gerade die Zahlen von 1 bis $p - 1$. Damit ergibt sich

$$(1a)(2a)(3a) \cdot \ldots \cdot (p-1)a = 1 \cdot 2 \cdot 3 \cdot \ldots \cdot (p-1) \bmod p$$
$$(p-1)! \cdot a^{p-1} = (p-1)! \bmod p$$

Da p Primzahl und folglich kein Teiler von $(p-1)!$ ist, folgt

$$a^{p-1} = 1 \bmod p.$$

Durch Multiplikation beider Seiten mit a ergibt sich $a^p = a \bmod p$, was auch richtig bleibt, wenn p ein Teiler von a ist. Denn dann ist $a^p = 0 = a \bmod p$. □

Aufgaben:

194. (a) p ist eine ungerade Primzahl. Warum ist $2 \cdot p$ Teiler von $a^p - a$?

    (b) m^5 und m haben für alle $m \in \mathbb{N}$ die gleiche Endziffer (im Dezimalsystem). Warum?

195. Der kleine Fermat kann hilfreich bei der Berechnung von Potenzresten sein. Oft ist dann ein Rechner nicht nötig! Beispiel: $6^{52} = 6^{50} \cdot 6^2 = (6^{10})^5 \cdot 6^2 = 36 = 3 \bmod 11$. Ermittle in diesem Sinne die Reste der Divisionsaufgaben:

    (a) $20^{350} : 7$ (b) $3^{82} : 17$

    (c) $6^{100003} : 101$ (d) $2^{17} : 19$;

    (e) $2^{p-2} : p$ $(p \ne 2$ Primzahl)   (f) $(2^{70} + 3^{70}) : 13$.

196. Begründe mit dem Fermatschen Satz: Für alle $m \in \mathbb{N}$ gilt:

    (a) 42 ist Teiler von $m^7 - m$.

(b) $\frac{1}{5} \cdot m^5 + \frac{1}{3} m^3 + \frac{7}{15} \cdot m$ ist eine natürliche Zahl.

197. *Wir sortieren noch einmal unseren Kartenstapel.* Sechsunddreißig Karten werden in der zu Beginn dieses Kapitels beschriebenen Art und Weise umsortiert.

(a) An welcher Stelle liegt die achte Karte nach dem sechzehnten Umsortieren?

(b) An welcher Stelle liegt eine Karte nach dem zwanzigsten Umsortieren, wenn sie nach dem zehnten an der vierten Stelle liegt?

(c) Wie sind die Karten nach dem achtzehnten Schritt sortiert?

(d) Der Kartenstapel besteht jetzt aus zehn Karten. Der „Magier" kennt keine der Karten und bittet einen Zuschauer, sich eine Karte im Stapel zu merken und die Nummer dieser Karte im Stapel zu nennen. Der Magier sortiert in der bekannten Weise fünfmal um und zählt dann die "richtige" Karte ab. Beschreibe den kleinen Trick vollständig und begründe ihn.

198. Ein Stapel mit dreißig Spielkarten wird halbiert und ein neuer Stapel wird sortiert, indem man wieder der Reihe nach eine Karte von dem einen und dann eine Karte von dem anderen Stapel nimmt. Diesmal aber beginnt man mit der untersten Karte des rechten Stapels. Wie oft muss man die dreißig Karten sortieren, damit sie wieder in der ursprünglichen Reihenfolge liegen? Wie ist diese Frage zu beantworten, wenn man – wie in Aufgabe 194 (d) – doch mit der ersten Karte des linken Stapels beginnt?

199. *Wie man mit einer Halskette den Kleinen Fermat beweist.*

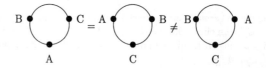

Aus Perlen mit a Farben (zum Beispiel $a = 2$: rot und weiß) stellen wir Perlenschnüre mit genau p Perlen her. p soll eine Primzahl sein. Binden wir nun die Enden einer solchen Perlenschnur zusammen, so erhalten wir Halsketten. Wir wollen zwei Halsketten als gleich ansehen, wenn eine aus der anderen nur durch Verschieben der Perlen hervorgeht. Muss man aber die eine Halskette erst umdrehen bevor man sie durch Verschieben der Perlen in die andere überführen kann, so handelt es sich um zwei unterschiedliche Halsketten:

(a) Wie viele einfarbige Ketten gibt es ?

(b) Wie viele verschiedene mehrfarbige Schnüre gibt es?

(c) Warum kann man aus einer mehrfarbigen Halskette durch Verschieben der Perlen genau p Duplikate (Original mitgezählt)herstellen? (Hinweis: Dies exakt zu begründen, ist die kleine Hürde in dieser Aufgabe. Erst an dieser Stelle benützt man, dass p Primzahl ist.)

(d) Folgere, dass es $\dfrac{a^p - a}{p} + a$ verschiedene Halsketten aus p Perlen in a Farben gibt. Es muss also p ein Teiler von $a^p - a$ sein, d.h. $a^p = a \bmod p$. Das ist der kleine Fermatsche Satz. Manche schreiben diesen „kombinatorischen" Beweis des Kleinen Fermatschen Satzes dem Mathematiker S. W. Golomb (1956) zu. Vermutlich geht er aber auf Leibniz und Gauß zurück. Vor Jahren wurde folgende Variante als mathematische Olympiadeaufgabe in der UdSSR gestellt:

(e) Ein Kreis ist in p kongruente Sektoren eingeteilt. p ist eine Primzahl. Auf wie viele verschiedene Arten kann man diese p Sektoren mit a Farben färben, wenn für mehrere (ja sogar alle) Sektoren gleiche Färbung zugelassen ist. Zwei Färbungen gelten nur dann als verschieden, wenn man sie nicht durch Drehung des Kreises zur Deckung bringen kann.

(f) Wir wissen nicht, wie 196 (d) oder 196 (e) zu beantworten ist, wenn p keine Primzahl ist.

200. Ein letztes Mal: *Ein Beweis des Kleinen Fermat:* Der folgende Beweis ist leicht zu merken, benötigt aber ein wenig Algebra. Die ersten Teilaufgaben stellen die nötigen Vorkenntnisse zusammen.

(a) Binomialkoeffizient: Wir definieren („m aus n" oder „n über m"):

$$\binom{n}{m} := \frac{n \cdot (n - 1) \cdot \ldots \cdot (n - m + 1)}{1 \cdot 2 \cdot \ldots \cdot m} = \frac{n!}{m! \cdot (n - m)!}.$$

(b) Beweise durch Induktion

$$(a+b)^n = a^n + \binom{n}{1} \cdot a^{n-1} \cdot b + \binom{n}{2} \cdot a^{n-2} \cdot b + \ldots + b^n = \sum_{i=0}^{n} \binom{n}{i} a^{n-i} \cdot b^i.$$

(Daher der Name „Binomialkoeffizient")

(c) Begründe: Ist p eine Primzahl, so gilt für alle $m, 1 \leq m < p : \binom{p}{m} = 0 \bmod p$.

(d) Folgere: $(a+b)^p = a^p + b^p \bmod p$ (p Primzahl). Das heißt also, in $\mathbb{Z}/p\mathbb{Z}$ gilt: $(a+b)^p = a^p + b^p$. (Ist das nicht wunderschön, dass in $\mathbb{Z}/2\mathbb{Z}$ die binomische Formel so einfach zu merken ist: $(a+b)^2 = a^2 + b^2$? Merke also: Nicht alles, was falsch ist, ist immer und überall falsch!)

Das ist eine sehr wichtige Beziehung, die in Algebra und Zahlentheorie oft verwendet wird. Modulo p verhält sich also Potenzieren mit p linear und man spricht in Zusammenhang damit auch vom „Frobenius-Homomorphismus".

(e) Allgemeiner gilt für n Summanden $(a_1 + a_2 + \ldots a_n)^p = a_1^p + a_2^p + \ldots + a_n^p \bmod p$

(f) Folgere für $a_1 = a_2 = \ldots = a_n = 1 : n^p = n \bmod p$.

201. (a) Teste und beweise den „Satz von Wilson": Ist p eine Primzahl, dann gilt:

$(p-1)! = -1 \bmod p$.

(Hinweis: Zerlege in $\mathbb{Z}/p\mathbb{Z}$ das Polynom $X^{p-1} - 1$ mit Hilfe des kleinen Fermat in Linearfaktoren.)

(b) Ist auch die Umkehrung richtig?

202. p sei eine Primzahl, $q = (p-1) \cdot t + 1$ sei ebenfalls eine Primzahl mit $t \in \mathbb{N}$, $t > 1$ (also $q > p$). Warum ist dann $2^{p \cdot q} = 2^p \bmod pq$?

203. *Eine mathematische Kuriosität: Repunits* („repeated units") Eine Zahl, deren Dezimaldarstellung nur aus Einsen besteht, heißt Repunit. Besteht die Zahl aus n Einsen, schreiben wir dafür R_n: $R_n = 1111\ldots111$ (n Einsen) $= \dfrac{10^n - 1}{9}$. Viele interessante und ungelöste Fragen kann man über Repunits (und verwandte Zahlen) stellen.

(a) Zum Beispiel weiß man bis heute noch nicht, ob es R_n gibt, die (echte) Potenzen sind. Es ist nur einfach zu beweisen, dass Repunits keine Quadratzahlen sein können. Überlege den Beweis (Hinweis: Diesmal Rest bei Division durch 4). Jetzt soll uns aber eine kleine Anwendung des Fermatschen Satzes interessieren:

(b) Gibt es eine natürliche Zahl x, so dass $7 \cdot x$ nur aus lauter Einsen besteht? Wenn ja, gebe man so ein x an und beantworte die gleiche Frage für 13 anstatt 7.

(c) Beweise, dass es zu jeder Primzahl $p > 5$ ein Repunit R_n gibt, die ein Vielfaches von p ist (p teilt ein R_n).

(d) Man kann damit anderen spontan Multiplikationsaufgaben stellen, deren Ergebnisse alle die gleiche Ziffer aufweisen: A zu B: „Schreibe die Zahl 15873 auf" (15873 ist die „Zauberzahl"). A zu B: „Die Ziffer 8 gefällt mir nicht. Multipliziere doch mal unsere Zahl mit 56, damit du die 8 übst." ... Welches Ergebnis erhält B ? Was steckt dahinter? Finde größere Zauberzahlen! (Interessant ist noch die Zahl 12345679. Multipliziere sie mit den Vielfachen von 9 $(9, 18, \ldots, 81)$. 9 ist allerdings keine Primzahl. Um den Hintergrund dieser Ergebnisse zu erläutern, muss man den Kleinen Fermatschen Satz noch etwas verallgemeinern. Wir kommen gleich noch einmal darauf zurück.)

Wenn du dir den Beweis des kleinen Satzes von Fermat nochmal genau anschaust, und Euler hat das getan, so wirst du feststellen: Eigentlich ist es gar nicht wichtig, dass p eine Primzahl ist. Sondern wir müssen nur das Produkt über alle in $\mathbb{Z}/n\mathbb{Z}$ invertierbaren Elemente bilden.

Satz 3.1.2 (Eulers Verallgemeinerung) *Ist $n > 1 \in \mathbb{N}$ und a eine zu n teilerfremde Zahl, dann gilt: $a^{\phi(n)} = 1 \bmod n$*

Beweis: Da a teilerfremd zu n ist, sind die $\{a \cdot x \mid x \in \mathbb{Z}/n\mathbb{Z}\}$ alle paarweise verschieden. Außerdem sind die Elemente $a \cdot x$ genau dann invertierbar in $\mathbb{Z}/n\mathbb{Z}$, wenn x invertierbar in $\mathbb{Z}/n\mathbb{Z}$ ist. (Überlege dir das selbstständig.) Also sind sämtlichen invertierbare Elemente von der Form $a \cdot x$. Sind also $a_1 \ldots a_{\phi(n)}$ sämtliche invertierbaren Elemente in $\mathbb{Z}/n\mathbb{Z}$, so sind auch $a \cdot a_1, \ldots, a \cdot a_{\phi(n)}$ sämtliche invertierbaren Elemente. Es gilt also:

$$a_1 \cdot \ldots \cdot a_{\phi(n)} = a \cdot a_1 \cdot \ldots \cdot a \cdot a_{\phi(n)}$$
$$a_1 \cdot \ldots \cdot a_{\phi(n)} = a^{\phi(n)} \cdot a_1 \cdot \ldots \cdot a_{\phi(n)}$$
$$1 = a^{\phi(n)} \bmod n$$

$\square$

204. Erkläre die Verallgemeinerung aus der Aufgabe 200 (d).

3.2   Die Ordnung einer Zahl modulo einer Primzahl

Wir kommen noch einmal auf das Umsortieren der sechsunddreißig Spielkarten zu Beginn des letzten Kapitels zurück. Wir wollen uns überlegen, ob man die ursprüngliche Reihenfolge der Spielkarten erst nach dem sechsunddreißigsten Umsortieren wieder erhält oder vielleicht schon früher. In der Sprache der Mathematik lautet die Frage, ob es eine natürliche Zahl $n < 36$ gibt, so dass $2^n = 1 \mod 37$. Diese Frage kann man durch Probieren ($n = 1, \ldots, 35$) entscheiden, was natürlich dann besonders rechenaufwendig ist, wenn der Modul sehr groß ist. Tatsächlich können wir uns aber auf einige Exponenten beschränken, wie die folgenden Überlegungen zeigen:

Ein wichtiger Trick!

Es sei e die kleinste natürliche Zahl zwischen 1 und 36 (genauer: $e, 1 \leq e < 36$) mit $2^e = 1 \mod 37$. Dann dividieren wir 36 durch e: $36 = k \cdot e + r$, $0 \leq r < e$. Somit: $1 = 2^{36} = 2^{k \cdot e + r} = (2^e)^k \cdot 2^r = 2^r \mod 37$, also $2^r = 1 \mod 37$. Da $0 \leq r < e$, und e die kleinste natürliche Zahl mit der Eigenschaft $2^e = 1 \mod 37$ war, muss $r = 0$ sein. Das bedeutet aber, dass e ein Teiler von 36 ist. Dieses wichtige Ergebnis gilt allgemein.

Satz 3.2.1 *Ist p eine Primzahl, a eine zu p teilerfremde ganze Zahl, n eine natürliche Zahl mit $a^n = 1 \mod p$ und e die kleinste natürliche Zahl mit $a^e = 1 \mod p$, dann ist e ein Teiler von n. Insbesondere ist e ein Teiler von $p - 1$.*

Beweis: Wie für $a = 2$ und $p = 37$. (Übungsaufgabe!)   □

In unserem „Kartenbeispiel" sind die echten Teiler von 36 entweder Teiler von 12 oder von 18. Es genügt also, die Reste von 2^{12} und 2^{18} zu überprüfen: $2^{12} = 26 \mod 37$, $2^{18} = 26 \cdot 2^6 = (-11) \cdot (-10) = -1 \mod 37$. Damit folgt für alle $n < 36 : 2^n \neq 1 \mod 37$.

Definition 3.1 In der Situation des obigen Satzes heißt die kleinste Zahl $e > 0$ mit $a^e = 1 \mod p$ die Ordnung von a modulo p. Bezeichnung: $\mathrm{ord}_p(a)$

Unser Satz besagt, dass die Ordnung einer Zahl modulo p stets ein Teiler von $p - 1$ ist. Wir haben gerade ausgerechnet, dass $\mathrm{ord}_{37}(2) = 36 = 37 - 1$ ist.

Definition 3.2 Ist für die Primzahl p $\text{ord}_p(a) = p - 1$, so heißt a Primitivwurzel mod p

Eine schwierigere Frage ist: Gibt es zu jeder Primzahl p eine Primitivwurzel? Zur Beantwortung dieser Frage müssen wir weiter ausholen. Deswegen etwas Gymnastik:

Aufgaben:

205. Beweise:

    (a) Ist $p > 2$ eine Primzahl, welche $m^2 + 1$ teilt, dann ist 4 ein Teiler von $p - 1$.

    (b) Seien $\text{ggT}(a, b) = 1$ und $a^2 + b^2 = 0 \bmod p$, dann folgt $p = 2$ oder $p = 1 \bmod 4$.

206. Berechne die Ordnungen der Zahlen von 3 bis 36 modulo 37.

207. Für $p = 2, 3, 5, 7, 11, 13$ und 17 und $1 < a < p - 1$ fertige man Tabellen, aus denen man die Ordnung von a modulo p ablesen kann. Schreibe dazu ein Programm, das die Ordnung einer Zahl a modulo einer Primzahl p berechnet.

208. Warum sind die Potenzen $a, a^2, a^3, \ldots, a^e$ paarweise inkongruent modulo p, wenn e die Ordnung von a modulo p ist?

209. Wenn die Ordnung e von a modulo p eine gerade Zahl ist, so gebe man $a^{\frac{e}{2}}$ modulo p an.

210. Ist a Primitivwurzel modulo p, dann ist $\mathbb{Z}/p\mathbb{Z} \setminus \{0\} = \{a^n \mid n \in \mathbb{N}\}$. Man sagt: Die invertierbaren Elemente von $\mathbb{Z}/p\mathbb{Z}$ bilden eine zyklische Gruppe, die „von a erzeugt" wird.

211. Bestimme jeweils die kleinste Primitivwurzel modulo 3, 5, 7, 11, ..., 31.

212. Schreibe eine Pascal-Function, **primitiv(p:integer):integer;** . Sie soll zu einer gegebenen Primzahl p die kleinste Primitivwurzel ausrechnen. Ob ein solches Programm stets erfolgreich sucht, haben wir noch nicht bewiesen.

213. Beweise: a ist Primitivwurzel modulo p genau dann, wenn $a^{\frac{(p-1)}{q}} \neq 1 \bmod p$ für alle Primteiler q von $p - 1$. Begründe insbesondere, dass für eine Primitivwurzel a modulo p gilt: $a^{\frac{p-1}{2}} = -1 \bmod p$. Schreibe ein Programm, das bei vorgegebener Primzahl p die kleinste Primitivwurzel mod p ermittelt!

214. (a) Warum kann eine Quadratzahl für keine Primzahl $p(p > 2)$ Primitiv-
      wurzel modulo p sein?

      (b) Für welche Primzahlen p ist $p - 1(= -1)$ eine Primitivwurzel mod p?

3.3   Primitivwurzeln

Wir wollen genauere Aussagen darüber machen, wie viele Elemente der
Ordnung d es in $\mathbb{Z}/p\mathbb{Z}$ gibt, wenn p eine Primzahl ist. Ist d kein Teiler von
$p - 1$ so gibt es in $\mathbb{Z}/p\mathbb{Z}$ kein Element der Ordnung d, wie wir wegen Satz
3.2.1 wissen. Wie viele Elemente der Ordnung 2 gibt es zum Beispiel in
$\mathbb{Z}/7\mathbb{Z}$? Nur eins, und zwar die 6, wie du leicht nachprüfen kannst, lieber
Leser. Ist $p \geq 3$ eine Primzahl, so muss jedes Element der Ordnung 2
eine Lösung der Gleichung $X^2 - 1 = 0 = (X - 1) \cdot (X + 1)$ sein. Wie
wir von Satz 2.7.3, Teil 2 her wissen, kann das Produkt nur 0 sein, wenn
mindestens ein Faktor Null ist. Also kommen als Elemente der Ordnung
zwei nur 1 und $-1 = p - 1 \bmod p$ in Frage. 1 hat aber die Ordnung 1.
Wer *nach*denkt sieht: Dieses Argument ist viel kräftiger. Es liefert uns
eine erste Abschätzung über die Anzahl der Elemente mit der Ordnung in
$\mathbb{Z}/p\mathbb{Z}$.

Satz 3.3.1 *Ist p eine Primzahl und d ein Teiler von $p - 1$, dann gibt es
höchstens d Elemente der Ordnung d in $\mathbb{Z}/p\mathbb{Z}$.*

Beweis: Ist y ein Element der Ordnung d, so ist y Nullstelle des Polynoms
$X^d - 1 = 0$. Dieses Polynom hat aber höchstens d Nullstellen.   □

Also, eine obere Grenze haben wir schon gefunden. Das ist aber nichts
Genaues. Wir wünschten uns mehr Weisheit. Also untersuchen wir das
Problem mal modulo 13. Zum Beispiel gilt: $3^1 = 3 \bmod 13$, $3^2 = 9 \bmod 13$,
$3^3 = 1 \bmod 13$. Daher: $\mathrm{ord}_{13}(3) = 3$. Die verschiedenen Potenzen von
3 mod 13 sind: $M := \{1, 3, 9\}$. Wieder schließen wir mit unserm Po-
lynomsatz. Jedes Element der Ordnung 3 ist Nullstelle des Polynoms
$X^3 - 1 = 0$. Aber auch jedes Element von M ist Nullstelle dieses Po-
lynoms. Also muss jedes x mit $\mathrm{ord}_{13}(x) = 3$ schon in M sein. Als weiteres
Element kommt nur 9 in Frage. Nun ist $9^2 = 3^4 = 3 \neq 1 \bmod 13$. Aber
$9^3 = (3^2)^3 = 1^2 = 1 \bmod 13$. Also $\mathrm{ord}_{13}(9) = 3$. Auch dieser Gedanke ist
leicht zu verallgemeinern.

Ist $p \geq 3$ eine Primzahl, d ein Teiler von $p - 1$ und $x \in \mathbb{Z}/p\mathbb{Z}$ mit $\mathrm{ord}_p(x) = d$, dann sind alle weiteren Elemente der Ordnung d in $M = \{1, x, \ldots, x^{d-1}\}$ zu suchen, wieder weil $X^d - 1$ höchstens d Nullstellen hat. Wie viele gibt es nun von dieser Sorte? Ist $y = x^k \in M$ und angenommen $\mathrm{ggT}(k, d) = c > 1$. Dann ist $k = c \cdot s$ und $d = c \cdot t$, wobei $\mathrm{ggT}(s, t) = 1$ ist. Folglich gilt: $y^t = (x^k)^t = (x^{ct})^s = 1$. Damit gilt wegen Satz 3.2.1 $\mathrm{ord}_p(y)|t$, folglich $\mathrm{ord}_p(y) < d$. Ist also x^k ein Element der Ordnung $d \in M$, so muss $\mathrm{ggT}(k, d) = 1$ sein. Ist umgekehrt $k < d$ mit $\mathrm{ggT}(k, d) = 1$ und ist $s = \mathrm{ord}_p(x^k)$, so folgt: $x^{ks} = 1 \bmod p$. Daher: $d|(ks)$. Da aber d und k teilerfremd sind, folgt: $d|s$, daher $d = s$. Wir haben also gezeigt:

$$\mathrm{ord}_p(x^k) = d \iff \mathrm{ggT}(k, d) = 1$$

Nun wissen wir noch, Euler hat es uns gelehrt: Es gibt genau $\phi(d)$ zu d teilerfremde Zahlen. Also gibt es in $\mathbb{Z}/p\mathbb{Z}$ entweder keine oder $\phi(d)$ Elemente der Ordnung d. Es wird noch schöner:

Satz 3.3.2 *Ist p Primzahl und d ein Teiler von $p - 1$, dann gibt es genau $\phi(d)$ Elemente der Ordnung d in $\mathbb{Z}/p\mathbb{Z}$.*

Beweis: Wir teilen die Elemente aus $\mathbb{Z}/p\mathbb{Z} \setminus \{0\} = \{1, \ldots, (p-1)\}$ nach ihrer Ordnung ein. $A_d := \{x \mid \mathrm{ord}_p(x) = d\}$. Dann ist $|A_d| := \mathrm{Anzahl}(A_d) = 0$ oder $|A_d| = \phi(d)$ und außerdem $\{1, \ldots, p-1\} = \bigcup_{d|(p-1)} A_d$. Damit folgt:

$$(p - 1) = \sum_{d|(p-1)} \phi(d) = \sum_{d|(p-1)} |A_d|, \text{ wegen Satz 2.10.1. Wäre nun ein}$$

$|A_d| = 0$, so wäre aber die rechte Summe kleiner als die linke. Also ist $|A_d| = \phi(d)$ für alle Teiler d von $p - 1$. $\square$

Folgerung 3.3.3 (Existenz von Primitivwurzeln) *Ist p eine Primzahl, dann gibt es in $\mathbb{Z}/p\mathbb{Z}$ genau $\phi(p - 1)$ Primitivwurzeln. Insbesondere gibt es mindestens eine Primitivwurzel.*

Dieser wichtige und nicht ganz leichte Satz wurde schon von Euler benutzt. Aber erst Gauß konnte einen vollständigen Beweis dafür liefern.

Wir haben jetzt die begrifflichen Voraussetzungen, um eine berühmte und tiefliegende Vermutung über Primitivwurzeln, die bisher (im Jahre 1994) noch ungelöst ist, zu formulieren: (Emil Artin, deutscher Mathematiker, geboren 3.3 1898 in Wien und gestorben 20.12.1962 in Hamburg,

sicher einer der bedeutendsten Mathematiker des 20. Jahrhunderts.) Man
kann sich fragen, und das tat schon Gauß, ob jede natürliche Zahl $\neq 1$, die
keine Quadratzahl ist, als Primitivwurzel modulo einer Primzahl p auftreten kann. Artin hat vermutet, dies sei für unendlich viele Primzahlen der
Fall.

2 ist beispielsweise Primitivwurzel für $p = 3, 5, 11, 13, 19, 37, 53, 59, 61$,
67, 83 und auch (zum Beispiel) für 9923 oder 9941 oder 9949. Vermutlich
weiß heute (1994) niemand, ob die 2 unendlich oft als Primitivwurzel
vorkommt. Immerhin weiß man aus einer Arbeit von Heath-Brown, dass
mindestens eine der Zahlen 2, 3 oder 5 Primitivwurzel für unendlich viele
Primzahlen p ist. Die Entwicklung um die Artinsche Vermutung – bis hin
zu neueren Ergebnissen – kann man in dem Aufsatz „Artin's Conjecture
for Primitive Roots" von M. Ram Murty (The Mathematical Intelligencer,
Vol. 10, No. 4 (1988), pp. 59 - 67) nachlesen.

Aufgaben:

215. Die Zahlen 1 bis 9949 werden der Reihe nach entlang des Umfangs eines
     Kreises geschrieben. Beginnend mit 1 wird mit jeder Zahl auch ihr Dop-
     peltes modulo 9949 gestrichen. Bei wiederholten Umläufen werden auch
     die gestrichenen Zahlen mitgezählt. Diesen Prozess setzt man solange fort,
     bis nur noch Zahlen drankommen, die schon durchgestrichen sind. Welche
     Zahlen bleiben schließlich stehen?

216. Gesucht ist eine natürliche Zahl, die Primitivwurzel zugleich für 5, 7 und
     17 ist.

     Zeige allgemein, dass es zu n Primzahlen stets eine gemeinsame Primitiv-
     wurzel gibt!

217. Entscheide zunächst per Hand, bei welchen der folgenden Primzahlen die
     2 Primitivwurzel ist: 5, 7, 17, 23, 29, 31.

218. Schreibe ein Computerprogramm, welches bei den Primzahlen bis 1000
     feststellt, ob 2 Primitivwurzel ist oder nicht.

219. Zähle bei folgenden Zahlen alle Primitivwurzeln auf: $3, 5, \ldots, 101$. Wo ist
     auch 10 eine Primitivwurzel?

220. Betrachte eine Primzahl der Form $p = 4 \cdot t + 1$. Zeige: a ist Primitivwurzel
     genau dann, wenn $-a$ Primitivwurzel ist.

221. Sei p eine Primzahl der Form $4 \cdot t + 3$. Zeige: a ist Primitivwurzel modulo p genau dann, wenn $\text{ord}_p(-a) = \frac{p-1}{2}$ ist.

222. Gibt es Primzahlen mit genau $2, 3, 6$ Primitivwurzeln? Wenn ja, finde sie.

223. Berechne:

(a) $1^5 + 2^5 + 3^5 + \ldots + 6^5$ modulo 7.

(b) $1^5 + 2^5 + \ldots + 10^5$ modulo 11.

(c) $1^5 + 2^5 + \ldots + 16^5$ mod 17.

(d) Formuliere nach den Berechnungen bis hierher eine Vermutung. Schaue bitte nicht weiter unten nach.

(e) Schreibe ein Programm, um deine Vermutung aus 219 (d) zu testen.

(f) Erinnere dich an die Summenformel aus Aufgabe 7 und zeige: Für jede Primzahl $p > 3$ ist : $\displaystyle\sum_{i=1}^{p-1} i^3 = 0 \bmod p$.

(g) Berechne: $\displaystyle\sum_{i=1}^{p-1} i^4 \bmod p$.

(h) Nachdem du diese Aufgaben gelöst hast, kannst du sicher $\displaystyle\sum_{i=1}^{p-1} i^k \bmod p$ allgemein berechnen. Fallunterscheidung!

224. Benutze die Existenz der Primitivwurzel, um erneut den Satz von Wilson zu zeigen: $(p-1)! = -1 \bmod p$. Er lässt sich auch genauso beweisen wie der Satz von Fermat. Übrigens stammt der Satz mit Sicherheit nicht von Wilson (1741 -1793). Er steht schon in den Manuskripten von Leibniz. Aber viel früher kannte ihn der Araber Ibn al–Haitam (siehe Aufgabe 166c (c)). Er wusste auch, dass die Umkehrung des Satzes richtig ist. Die Namen der Sätze in der Mathematik sind also nicht immer nach dem Prinzip „Ehre, wem Ehre gebührt." gebildet.

225. Bestimme alle Lösungen der Gleichung $x^7 = 1 \bmod 29$.

226. Bestimme alle Lösungen der Gleichung $1 + x + x^2 + x^3 + x^4 + x^5 + x^6 = 0 \bmod 29$.

227. Löse die folgenden Gleichungen:

(a) $1 + x^2 = 0 \bmod 49$ (b) $1 + x^4 = 0 \bmod 49$ (c) $1 + x^8 = 0 \bmod 49$.

Ein überraschender Zugang zum Fermatschen Satz, zu den Begriffen Ordnung und Primitivwurzel sowie zur Artinschen Vermutung eröffnet sich, wenn wir uns periodische Dezimalbrüche genauer anschauen.

Periodische Dezimalbruchentwicklungen

Wiederholung: Die Darstellung eines Bruches in Dezimalschreibweise ist eine periodische Dezimalzahl. Die Periodenlänge ist die Länge des kürzesten sich wiederholenden Ziffernblockes nach dem Komma. Beispielsweise hat $\frac{1}{3} = 0,3333\ldots = 0,\overline{3}$ die Periodenlänge 1 und $\frac{1}{7} = 0,\overline{142857}$ die Periodenlänge 6. Enthält der Nenner keinen Faktor 2 oder 5, so beginnt die Periode unmittelbar hinter dem Komma, und wir nennen die Dezimalbruchentwicklung dann reinperiodisch. Dies ist insbesondere der Fall bei Brüchen der Form $\frac{a}{p}$, p ungerade Primzahl $\neq 5$ (p teilt nicht a).

(Berechne selbst einige Dezimalbruchentwicklungen von $\frac{1}{p}$)

Wir interessieren uns in diesem Abschnitt für die Periodenlänge von Brüchen $\frac{1}{p}$ und deren Zusammenhang mit dem kleinen Fermatschen Satz.

$$z = \frac{1}{p} = 0,\overline{a_1 \ldots a_l} = 0,\overline{A}.$$ A ist der Ziffernblock $a_1 \ldots a_l$, l die Periodenlänge. Wir lesen A auch als die l-stellige Dezimalzahl $a_1 \cdot 10^{l-1} + \ldots + a_l$.

Dann ist $10^l \cdot z - z = A$, also $z \cdot (10^l - 1) = \frac{10^l - 1}{p}$ eine natürliche Zahl,

d.h. $10^l = 1 \bmod p$. Da l als Periodenlänge die kleinste Zahl ist mit dieser Eigenschaft, ist l die Ordnung von 10 modulo p und daher Teiler von $p-1$. Wir haben also folgendes Ergebnis:

Bemerkung 3.3.4 *Die Periodenlänge l von $\frac{1}{p}$ ist die Ordnung von 10 modulo p. Insbesondere ist l Teiler von $p - 1$.*

Aufgaben:

228. *Dezimalbrüche und die Artinsche Vermutung:*

Es sei $l = \mathrm{ord}_p(10)$.

(a) Beweise: Die Periodenlänge l von $\dfrac{1}{p}$ ist genau dann $p-1$, wenn 10 Primitivwurzel modulo p ist.

(b) Gib Beispiele für $l = p-1$ und $l < p-1$. Man kann beweisen, dass die Periodenlänge für unendlich viele Primzahlen p kleiner als $p-1$ ist. Es ist jedoch unbekannt, ob die Periodenlänge auch unendlich oft gleich $p-1$ ist.

(c) Formuliere einen Spezialfall der Artinschen Vermutung als Vermutung über die Periodenlänge der Dezimalbruchentwicklung von $\dfrac{1}{p}$.

229. Bestimme alle Primzahlen p so, dass die Dezimalbruchentwicklung von $\frac{1}{p}$

    (a) die Länge 4,   (b) die Länge 10   (c) die Länge 7 hat.

Berechne die Dezimalbruchentwicklung. Es gibt in jedem Fall nur eine Lösung.

230. Die folgenden Aufgaben kreisen um die Frage: Gibt es zu jedem $a \geq 2$ und jedem $n \in \mathbb{N}$ eine Primzahl, so dass $\operatorname{ord}_p(a) = n$ ist?

(a) Bestimme alle Primzahlen p, so dass $\operatorname{ord}_p(2) = 4(5,6,7,8,9,10)$ ist.

(b) Zeige: Für alle $n \in \mathbb{N}$ gibt es mindestens eine Primzahl, so dass $\operatorname{ord}_p(2) = 2^n$ ist. Hinweis: Benutze die Tatsache, dass die Zahlen $2^{2^n} + 1$ paarweise teilerfremd sind. Zeige dies. Folgere: Es gibt unendlich viele Primzahlen der Form $2^n \cdot k + 1$

(c) Zeige: Es gibt zu jedem $n \in \mathbb{N}$ eine Primzahl p, so dass die Periode von $\frac{1}{p}$ im Zehnersystem gerade 2^n ist.

(d) Ist $a \geq 3$, so gibt es zu jedem $n \in \mathbb{N}$ mindestens eine Primzahl, so dass $\operatorname{ord}_p(a) = 2^n$ ist.

(e) Bestimme alle Primzahlen, so dass $\operatorname{ord}_p(3) = 3 \ (9, 27, \ldots, 3^n)$ ist.

(f) Bestimme alle Primzahlen, so dass $\operatorname{ord}_p(10) = 3 \ (9, 27, \ldots, 3^n)$ ist.

(g) Sicher wirst du schon gemerkt haben, aufmerksamer Leser, dass es auf die Primteiler des Polynoms $f(X) = X^2 + X + 1$ ankommt. Bestimme für $n \in \mathbb{N}$ den $\operatorname{ggT}(f(X), f(X^{3^n}))$.

(h) Zeige nun: Ist $x \geq 2$ eine beliebige natürliche Zahl und $n \in \mathbb{N}$, dann gibt es mindestens eine Primzahl p, so dass $\operatorname{ord}_p(x) = 3^n$ ist.

(i) Zeige die gleiche Aussage wie bei Aufgabe 230 (b) für die Primzahlen 5 und 7.

(j) Verallgemeinere nun auf beliebige Primzahlen.

(k) Zsigmondy hat 1892 gezeigt: Ist $a \geq 2$ und n beliebig, dann gibt es mindestens eine Primzahl, so dass $\mathrm{ord}_p(a) = n$ ist mit der einzigen Ausnahme: $a = 2$ und $n = 6$. Der Beweis ist aber nicht ganz einfach. Man findet ihn zum Beispiel in dem Aufsatz von H. Lüneburg: Ein einfacher Beweis für den Satz von Zsigmondy über Primteiler von $A^n - 1$, in Geometry and Groups (ed. M. Aigner, D.Jungnickel), Lecture Notes in Math. 893, S. 219 - 222, New York:Springer 1989. (Vergleiche auch A. Bartholomé, Eine Eigenschaft primitiver Primteiler von $\Phi_d(a)$, Archiv der Mathematik, Vol 63, 500 – 508 (1994).)

231. *Dezimalbrüche und Repunits*

(a) Zeige, dass es zu jeder natürlichen Zahl l mindestens eine, aber auch nur endlich viele Primzahlen p gibt, so dass l die Periodenlänge von p ist (mit anderen Worten: jede natürliche Zahl tritt als Periodenlänge eines Bruches $1/p$ auf). Verwende den Satz von Zsigmondy. Die Zahlen $\dfrac{10^l - 1}{9}$ sind übrigens gerade die in Aufgabe 203 untersuchten Repunits R_l. Diese Zahlen tauchen also hier wieder bei der Periodenlängenbestimmung von Dezimalbrüchen auf. Aus Zsigmondys Satz folgt also, dass jede neue Repunit auch (mindestens) einen neuen Primfaktor liefert.

(b) Zerlege R_l für $2 < l < 8$ in Primfaktoren und bestätige den Zsigmondyschen Satz. (Die Zerlegung der R_l in Primfaktoren ist übrigens für größere l ein sehr schwieriges Problem. Es ist noch nicht einmal bekannt, ob es unendlich viele prime Repunits gibt.)

232. *Eine Kuriosität* um die Dezimalbruchentwicklungen: Eine kleine Geschichte mitten aus dem Leben: Lehrer Prima hat seinen Schülern aufgetragen, eine Primzahl p zu suchen, welche die Periodenlänge 100 hat, und die Periode von $\frac{1}{p}$ auch zu berechnen. Schüler Schlaue liefert für die Dezimalbruchentwicklung von $\frac{1}{p}$ eine Lösung, die an der zehnten Stelle die Ziffer 0 und an der sechzigsten Stelle die Ziffer 8 hat. Lehrer Prima erkennt sofort, dass sich Schlaue verrechnet (oder geschwindelt, weil gar nicht gerechnet) hat. Wie erkennt Lehrer Prima den Rechenfehler? (Lehrer Prima hat wohl vorher dieses Buch gelesen!) Dazu:

(a) Die Periode von $\frac{1}{7}$ besteht aus den sechs Ziffern 142857. Teile sie in zwei Hälften und addiere die entstehenden Zahlen: $142 + 857 =$? Untersuche entsprechend $\frac{1}{13}, \frac{1}{17}$, und $\frac{1}{9091}$ und äußere eine Vermutung.

(b) Beweise: Besteht die Periode von $\frac{1}{p}$ aus einer geraden Anzahl $l = 2k$ von Ziffern und spaltet man die Periode in zwei Hälften A und B der Länge k auf, so gilt: $A + B = 10^k - 1$. (Anleitung: Überlege zuerst, dass p ein Teiler von $10^k + 1$ sein muss und folgere dann der Reihe nach: $\dfrac{a \cdot 10^k + B}{10^k - 1} \in \mathbb{N}$, $\dfrac{A + B}{10^k - 1} \in \mathbb{N}$, $\dfrac{A + B}{10^k - 1} = 1$.

(c) Welches sind die 4975. und die 4976. Stellen hinter dem Komma in der Dezimalbruchentwicklung von $\frac{1}{9949}$?

233. *Zyklische Zahlen und ein Kartentrick:*

(a) Multipliziere der Reihe nach die Zahl 142857 mit den Zahlen von 1 bis 6 und beobachte die Reihenfolge der Ziffern in den Ergebnissen. Was stellt man fest? Erklärung (was steckt dahinter?)!

(b) Das in (a) beobachtete Phänomen tritt auch auf, wenn man 588235294117647 der Reihe nach mit 1 bis 16 multipliziert. Finde weitere Beispiele.

(c) Der Magier übergibt dem Zuschauer fünf rote Karten mit den Werten $2, 3, 4, 5$ und 6. Der Zauberer selbst ordnet sechs schwarze Karten so an, dass ihre Werte den Ziffern der „Zauberzahl" 142857 – in dieser Reihenfolge! - entsprechen. Zuschauer und Zauberer mischen jetzt ihre Karten, wobei allerdings der Zauberer darauf achtet, dass seine Karten in der gleichen Reihenfolge bleiben. Der Zauberer legt nun seine Karten mit der Bildseite nach oben so auf den Tisch, dass sie die Zahl 142857 bilden. Irgendeine seiner Karten legt der Zuschauer daneben und multipliziert die große Zahl mit „seiner" Zahl. Währenddessen sammelt der Zauberer seine Karten wieder ein, hebt einmal ab und legt den Stoß mit der Bildseite nach unten auf den Tisch. Nachdem das Ergebnis der Multiplikation feststeht, nimmt der Zauberer seinen Stoß schwarzer Karten und legt sie nochmals mit der Bildseite nach oben. Die sechsstellige Zahl ist genau das Multiplikationsergebnis des Zuschauers. Frage: Wie muss der Zauberer abheben, damit der Trick funktioniert? Wie kann man den Trick erklären?

(d) Verallgemeinere Bemerkung 3.3.4 auf Stammbrüche mit zusammengesetztem Nenner.

Wir wollen noch eine schöne Anwendung des Satzes vom primitiven Element kennenlernen. In einer früheren Aufgabe haben wir danach gefragt, welche quadratischen Gleichungen $x^2 = a \bmod p$ lösbar sind.

Definition 3.3 a heißt quadratischer Rest modulo p genau dann, wenn es ein $x \in \mathbb{Z}/p\mathbb{Z}$ gibt mit $x^2 = a$.

So ist beispielsweise 5 ein quadratischer Rest modulo 11. Euler hat nun folgendes Kriterium gefunden:

Satz 3.3.5 (Eulersches Kriterium) *Sei p eine ungerade Primzahl. $a \neq 0 \bmod p$ ist quadratischer Rest modulo p genau dann, wenn*

$$a^{\frac{p-1}{2}} = 1 \bmod p \text{ ist.}$$

Beweis: Sei zunächst $a \neq 0 \bmod p$ ein quadratischer Rest. Dann gibt es ein $x \in \mathbb{Z}/p\mathbb{Z}$ mit $x^2 = a$. Daher ist $a^{\frac{p-1}{2}} = x^{p-1} = 1$ nach dem kleinen Fermat. Bei dieser Richtung haben wir den Satz von der Primitivwurzel 3.3.3 nicht verwendet.

Sei nun umgekehrt $a^{\frac{p-1}{2}} = 1$. Es gibt eine Primitivwurzel b. Also gibt es ein s mit $b^s = a$ und daher $b^{\frac{s(p-1)}{2}} = 1$. Da b ein primitives Element ist, ist $ord_p(b) = p - 1$. Also muss $(p-1)$ ein Teiler von $s \cdot \frac{p-1}{2}$ sein. Das heißt s ist gerade. Deswegen ist $s = 2k$ und daher $a = (b^k)^2$, also quadratischer Rest. $\square$

Mit dem Programm PotenzmodP auf Seite 61 steht also ein schnelles Verfahren zur Verfügung, um festzustellen ob a ein quadratischer Rest modulo p ist oder nicht.

Spielen wir ein wenig mit diesem Programm, so ergeben sich folgende Vermutungen:

Folgerung 3.3.6 *Es gilt:*

1. *(-1) ist quadratischer Rest modulo p genau dann, wenn $p = 1 \bmod 4$ ist.*

2. *2 ist quadratischer Rest modulo p genau dann, wenn $p = \pm 1 \bmod 8$ ist.*

Die Aussage 1. ist leicht nachzuprüfen durch Einsetzen in das Eulersche Kriterium. Die zweite Aussage ist nicht so einfach zu sehen.
Beweis: Wir betrachten das Produkt:

$$2 \cdot 4 \cdot \cdots \cdot (p-3) \cdot (p-1) = 2^{\frac{p-1}{2}} \cdot \left(\frac{p-1}{2}\right)!.$$

Die linke Seite unserer Gleichung kann anders geschrieben werden. So ist z.B. $p - 1 = -1 \bmod p$ und $p - 3 = -3 \bmod p$. Ist in dem Produkt ein Faktor $p - k > \dfrac{p-1}{2}$, so ersetzen wir ihn durch $-k$. Es ist dann $k < \frac{p-1}{2}$ und k ungerade. Wir erhalten (führe die Einzelheiten selbst aus):

$$
\begin{aligned}
2 \cdot 4 \cdot \ldots \cdot (p-3) \cdot (p-1) \\
= \quad & 2 \cdot 4 \cdot \ldots \cdot (-3) \cdot (-1) \\
= \quad & (-1)^1 \cdot 2 \cdot (-1)^2 \cdot (-1)^3 \cdot 3 \cdot \ldots \cdot (-1)^{\frac{p-1}{2}} \cdot \frac{p-1}{2} \\
= \quad & (-1)^{1+2+\ldots+\frac{p-1}{2}} \cdot \left(\frac{p-1}{2} \right)! \\
= \quad & (-1)^{\frac{p^2-1}{8}} \cdot \left(\frac{p-1}{2} \right)!
\end{aligned}
$$

Damit folgt $2^{\frac{p-1}{2}} = (-1)^{\frac{p^2-1}{8}} \bmod p$. Ist nun $p = \pm 1 \bmod 8$, so ist $\dfrac{p^2-1}{8}$ gerade, andernfalls ungerade. Daraus folgt die Behauptung.   □

Diese beiden Folgerungen sind die sogenannten Ergänzungssätze zum quadratischen Reziprozitätsgesetz. Bei diesem Gesetz geht es um einen Zusammenhang zwischen der Lösbarkeit von $x^2 \equiv p \bmod q$ und der Lösbarkeit von $x^2 \equiv q \bmod p$ $(p, q > 2$ prim). Mit den Mitteln, die wir bisher zur Verfügung haben, ist das Gesetz und sein Beweis verstehbar. Wer sich dafür interessiert, kann in dem Buch von E. Krätzel, Seite 40ff, nachlesen.

Aufgaben:

234. Wir haben gezeigt, dass -1 im Falle $p = 1 \bmod 4$ quadratischer Rest mod p ist. Es ist interessant, konkret eine Lösung der Gleichung $x^2 = -1 \bmod p$ anzugeben.

   (a) Beweise hierzu: Ist $p = 1 \bmod 4$, dann gilt: $\left[\left(\dfrac{p-1}{2} \right)! \right]^2 = -1 \bmod p$.

   Anleitung: Gehe vom Satz von Wilson aus.

   (b) Löse erst durch Probieren die Gleichung $x^2 = -1 \bmod 61$ und dann mit Hilfe des vorigen Ergebnisses. Vergleiche die Rechenzeiten!

235. Beweise: In $\mathbb{Z}/p\mathbb{Z} \setminus \{0\}$ gibt es genauso viele Quadrate wie Nichtquadrate. (Schau den Beweis zum Eulerschen Kriterium noch einmal an.)

236. Wir betrachten die Fermat-Zahlen $F_n = 2^{2^n} + 1$, von denen Fermat fälschlich vermutete, sie seien stets Primzahlen ($n \geq 3$).

   (a) Zeige: Ist p ein Primfaktor von F_n ($n \geq 3$), so ist 2 ein quadratischer Rest modulo p.

   (b) Jeder Primfaktor von F_n ist von der Form $2^{n+2} \cdot k + 1$. Dieses Kriterium stammt von Lucas, dem Altmeister gigantischer Primzahlen.

   (c) Suche nun mit dem Programm PotenzmodP auf Seite 61 nach Primfaktoren von $2^{64} + 1$. Das geht ohne Langzahlarithmetik.

237. (a) Sei $p = 2^n + 1$ (n eine Zweierpotenz) eine Primzahl. (Fermat-Primzahl) Zeige: Dann ist 3 eine Primitivwurzel mod p.

   (b) Zeige mit dem Rechner, indem du Aufgabe (a) benutzt: Für $n = 64$ und $n = 128$ ist $p = 2^n + 1$ keine Primzahl. Berechne hierzu $3^{2^{k-1}}$ mod p. Es ist $n = 2^k$. Dazu ist eine Langzahlarithmetik notwendig.

238. Beweise:

   (a) Wenn $p = 3 + 8k$ und $q = 1 + 4k$ Primzahlen sind ($k \in \mathbb{N}$), so ist 2 Primitivwurzel mod p.

   (b) Sind $p = 8k - 1$ und $q = 4k - 1$ Primzahlen, so ist -2 Primitivwurzel mod p.

   (c) Sind q und $p = 2q + 1$ Primzahlen, so heißt q Sophie–Germain–Primzahl. Man weiß nicht, ob es unendlich viele gibt. Zeige: Gibt es unendlich viele Sophie–Germain–Primzahlen, so ist 2 oder -2 unendlich oft Primitivwurzel.

239. Beweise:

   (a) $X^4 = -1$ mod p ist genau dann lösbar, wenn $p = 1$ mod 8 ist.

   (b) $X^4 = -4$ mod p ist lösbar genau dann, wenn $p = 1$ mod 4 ist. (Hinweis: Zerlege $X^4 + 4$ in quadratische Faktoren.)

240. Wir zeigen noch einmal: Ist 2 quadratischer Rest modulo p, dann ist $p = \pm 1$ mod 8.

   (a) Bestätige: 2 ist nicht quadratischer Rest modulo $p = 3$.

(b) Wir nehmen jetzt an, es gebe eine Primzahl $= \pm 3 \bmod 8$, für die 2 quadratischer Rest ist. Dann gibt es auch eine kleinste solche Primzahl. Wir nennen sie p. Zeige, dass es dann $x, q \in \mathbb{N}$, $q < p$, q ungerade, gibt mit $x^2 - 2 = q \cdot p$.

(c) Warum ist jeder Primfaktor von q kongruent $\pm 1 \bmod 8$?

(d) Folgere hieraus $x^2 - 2 = \pm 3 \bmod 8$ mit dem x aus Teil (b) und weise nach, dass dies nicht sein kann.

(e) Ergebnis?

241. Es schließt sich eine schöne Aufgabe an, die man auch als Projekt bearbeiten kann.

(a) Zeige: Hat $x^2 - 2y^2 = -t^2$ teilerfremde Lösungen $x, y \in \mathbb{Z}$, dann ist jeder Primteiler von t kongruent $\pm 1 \bmod 8$.

(b) Untersuche Lösbarkeitsbedingungen für festes t: $x^2 + (x + t)^2 = y^2$, $x, y \in \mathbb{Z}$, $ggT(x, t) = 1$. Versuche zum Beispiel zu beweisen, dass für prime t solche Lösungen genau dann existieren, wenn $t = \pm 1 \bmod 8$ ist. Was ist los, wenn t keine Primzahl ist?

242. *Projekt: Der Zwei-Quadrate-Satz*

Wir wissen, dass -1 quadratischer Rest mod p ist, wenn $p = 1 \bmod 4$. Hieraus wollen wir den sogenannten Zwei-Quadrate-Satz herleiten:

Satz: Ist $p = 1 \bmod 4$, so gibt es natürliche Zahlen a, b mit $a^2 + b^2 = p$.

Diesen Satz hat Fermat im Jahre 1659 in einem Brief an Carcavi formuliert. Nun denn:

(a) Wähle $0 < x < p$ mit $x^2 = -1 \bmod p$ und betrachte die Menge $L = \{(a, b) \in \mathbb{Z} \times \mathbb{Z} | ax = b \bmod p\}$ (L Lattice=Gitter): Fertige für $p = 5$ eine Zeichnung und ergänze sie fortlaufend.

(b) Das Parallelogramm mit den Ecken $(0,0), (1, x), (1, p + x)$ und $(0, p)$ nennen wir eine Fundamentalzelle des Gitters. Berechne seine Fläche.

(c) Um die vier Gitterpunkte dieser Fundamentalzelle werden Kreise gezeichnet mit Fläche $A = p$. Zeige: Mindestens zwei Kreise haben gemeinsame Punkte.

(d) Folgere, dass die Entfernung des Ursprungs von einem anderen geeigneten Gitterpunkt $(a, b) \leq 2 \cdot \sqrt{\frac{p}{\pi}} < 2p$ ist.

(e) Schließe jetzt der Reihe nach für diese a, b:

i) $0 < a^2 + b^2 < 2p$.

ii) $a^2 + b^2 = 0 \bmod p$. (Hinweis: (a, b) ist Gitterpunkt im Gitter L.)

iii) $a^2 + b^2 = p$.

(f) Formuliere noch einmal das Ergebnis, den Zwei-Quadrate-Satz.

Hermann Minkowski (1864 - 1909) hat in einer etwas anderen Situation erkannt, dass sich die Beweisidee der Aufgabe 242 zu einem viel allgemeineren Theorem ausbauen lässt. Um das Jahr 1890 fand er den heute so genannten und vielfach angewendeten Minkowskischen Gitterpunktsatz. Für eine erste Einführung in diesen Problemkreis der „Geometrie der Zahlen" (manche sagen auch zum Leidwesen anderer „Minkowski Theorie") vergleiche das schon gerühmte Buch von Scharlau und Opolka.

Wir wollen uns noch überlegen, wie viele Lösungen die Gleichung $p = x^2 + y^2$ hat.

243. Wenn $p = 1 \bmod 4$ ist, so gibt es nach Aufgabe 242 mindestens eine Lösung: $p = a^2 + b^2$.

Wir nehmen an, es gebe zwei wesentlich verschiedene Darstellungen:

$$(*) \quad p = a^2 + b^2 = x^2 + y^2$$

(a) Was heißt hier wohl „wesentlich verschieden"?

(b) Folgere aus $(*)$

   i. $p^2 = (ax \pm by)^2 + (ay \mp bx)^2$

   ii. p teilt $(a^2 + b^2)y^2 - (x^2 + y^2)b^2 = (ay - bx)(ay + bx)$.

(c) Leite hieraus eine Gleichung $u^2 + v^2 = 1$ her und folgere, dass p sich im wesentlichen auf höchstens eine Art und Weise als Summe zweier Quadrate darstellen lässt.

Vielleicht hat sich Fermat um 1640 den Beweis für die Eindeutigkeit so ähnlich vorgestellt. Der erste, der einen Beweis des Zwei-Quadrate-Satzes veröffentlichte, war Euler. Euler bemerkte auch, dass sich daraus ein Primzahlkriterium entwickeln lässt. Er und seine Assistenten fanden um 1750 Zahlenpaare $(\mu, \nu) \in \mathbb{N} \times \mathbb{N}$ derart, dass gilt: Eine ungerade, zu $\mu \cdot \nu$ teilerfremde Zahl ist eine Primzahl, wenn sie auf genau eine Weise in der Form $\mu \cdot a^2 + \nu \cdot b^2$ darstellbar ist, und wenn diese Darstellung primitiv ist. Hierauf bezieht sich auch die im Vorwort zitierte Briefstelle Bernoullis. (Viel Interessantes hierüber erfährt man aus den Kapiteln über Fermat und Euler in dem Buch von A. Weil.)

Endlich bemerken wir noch, dass die hier vorgestellten Schlussweisen durchsichtiger werden, wenn man im Gaußschen Zahlenring $\mathbb{Z}[i]$ bzw. im Körper $\mathbb{Q}(i)$ oder anderen „quadratischen Zahlkörpern" rechnet. Wer sich hierfür interessiert, kann dies aus Ischebecks Buch „Einladung in die Zahlentheorie" lernen, das etwas algebraischer orientiert ist als unseres.

3.4 S. Germains Beitrag zum Problem von Fermat

Vielleicht das berühmteste,bis vor kurzem, ungelöste Problem der Zahlentheorie ist eine Behauptung von Fermat. Er ist uns schon häufig begegnet. Er, Anwalt und Parlamentsrat, trug stets eine Ausgabe des Diophants bei sich, um in Prozeßpausen, oder wenn die Plädoyer der Staatsanwälte oder seiner Kollegen zu langatmig waren, über die wahrhaft wichtigen Sachen nachzudenken. Leider war es dann oft so, dass ihn die raue Wirklichkeit von den klaren Wassern der Mathematik wegriss, und er so manches Mal einen Gedanken unterbrechen musste. Dann schrieb er seine Kommentare an den Rand seiner Diophantausgabe. Und so ist dort zu lesen: „Ich habe einen wunderbaren Beweis für folgenden Satz gefunden: Ist $n > 2$, dann hat die Gleichung $x^n + y^n = z^n$ keine Lösungen in der Menge der natürlichen Zahlen. Der Rand meines Büchleins ist nur zu schmal, um ihn zu fassen." Wo hat Pierre den Beweis bloß hingeschrieben? Vielleicht auf eine Gerichtsakte, die in den Wirren der französischen Revolution verloren gegangen ist? Weder Archivare noch Mathematiker haben den Beweis wieder gefunden. Alle Anstrengungen waren fast 400 Jahre vergeblich. Besonders ärgerlich (oder schön) ist es, dass ein Gegenbeispiel auch nicht gefunden werden konnte. Wir wollen etwas in den Problemkreis reinschmecken.

Definition 3.4 Zu Ehren von Pythagoras heißen drei teilerfremde Zahlen (a, b, c) primitives pythagoräisches Tripel, wenn $a^2 + b^2 = c^2$ ist.

244. (a) Zeige: Ist (a, b, c) ein primitives pythagoräisches Tripel, dann ist genau eine der Zahlen a oder b gerade.

Ab jetzt sei a diese gerade Zahl.

(b) Zeige: Ist (a, b, c) ein primitives pythagoräisches Tripel, dann gibt es Zahlen p und q mit $q > p$ und $a = 2p \cdot q$, $b = q^2 - p^2$ und $c = q^2 + p^2$.

(c) Sind p und q teilerfremde Zahlen und $p > q$ und $a = 2 \cdot p \cdot q$ und $b = p^2 - q^2$, $c = q^2 + p^2$. Dann ist (a, b, c) ein pythagoräisches Tripel.

(d) Bestimme alle pythagoräischen Tripel mit $b = 7$.

(e) Ist p eine ungerade Primzahl. Dann gibt es genau ein primitives pythagoräisches Tripel (a, p, c).

(f) Bestimme alle pythagoräischen Tripel $(a, 81, c)$.

(g) Bestimme alle pythagoräischen Tripel (a, p^n, c). Dabei ist p eine ungerade Primzahl.

(h) Zeige: In einem primitiven pythagoräischen Tripel lässt sich die gerade Zahl a sogar durch 4 teilen.

(i) In einem primitiven pythagoräischen Tripel ist c nie durch 3 teilbar.

(j) Ist in dem primitiven pythagoräischen Tripel (a, b, c) c durch 5 teilbar, so ist entweder a oder b durch 3 teilbar.

(k) Ist in (a, b, c) das c nicht durch 5 teilbar, so ist a oder b durch 5 teilbar.

(l) Schreibe ein Programm, welches für $a \leq 100$ alle primitiven pythagoräischen Tripel aufzählt.

Man kann pythagoräische Zahlen in der Koordinatenebene als Punkte eintragen. Wir haben das mit dem Computer gemacht. Für $a \in [0, 100]$ und $b \in [0, 75]$ wurde jeweils dann ein Punkt gesetzt, wenn mit $c^2 = a^2 + b^2$ das Zahlentripel (a, b, c) pythagoräisch ist. Ist das Zahlentripel sogar primitiv, dann wurde ein „$\star$" gemalt. Was werden wohl die durchgehenden Linien bedeuten?

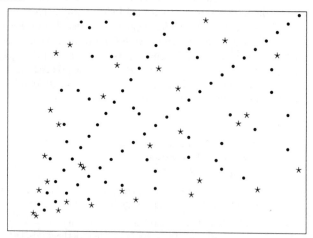

Alle diese Dinge waren schon den Babyloniern bekannt. Sie wussten schon genau, wie man pythagoräische Zahlentripel findet, längst bevor es Pythagoras gab. Also wieder ein Fall von: Ehre, dem sie nicht gebührt.

Aus der vorigen Aufgabe folgt also: Die Gleichung $a^2 + b^2 = c^2$ enthält unendlich viele Lösungen. Wie sieht es aus mit $a^3 + b^3 = c^3$, oder allgemein $a^n + b^n = c^n$? Wie gesagt, Fermat hat behauptet, er wisse, dass es keine Lösungen gibt. Vielleicht hat Pierre selbst gemerkt, dass sein Beweis falsch war. Denn später erwähnt er nie mehr den allgemeinen Satz, sondern überliefert für den Fall $n = 4$ einen speziellen Beweis. Euler zeigte die Behauptung für $n = 3$. Aber selbst das nicht ganz vollständig. Seitdem zerbrechen sich die schlausten Menschen den Kopf. Sie können oder konnten es nicht beweisen. Dann, am 23. Juni 1993 hatte Andrew Wiles in Cambrige vorgetragen und am Ende seiner Ausführungen ein q.e.d. unter den Satz von Fermat geschrieben. Bald bemerkte man aber einen Fehler in Wiles' Beweis. Ein Jahr später gelang es Wiles und Taylor den Fehler zu beheben, so dass inzwischen die Fermat– Vermutung als bewiesen gilt Vergleiche hierzu: G.Frey, Über A. Wiles Beweis der Fermatschen Vermutung, Math. Semesterberichte 40 (1993), Heft 2, 177–192, U. Jannsen, Ist das Fermat–Problem nach 350 Jahren gelöst? DMV–Mitteilungen 4/1993,8–12 und J. Kramer, Über die Fermatvermutung, Elemente der Math. 50(1995) 12–25.

Der Beweis von Fermat für den Fall $n = 4$ ist zwar raffiniert, aber noch mit elementaren Mitteln zu verstehen. Wer daran interessiert ist, kann ihn etwa in dem Buch von Ireland u. Rosen, Seite 271 nachlesen. Mit ganz tiefliegenden Methoden konnte Gerd Faltings (geb. 1954) im Jahre 1983 in allgemeinerem Rahmen zeigen, dass für $n > 3$ die Gleichung $x^n + y^n = z^n$ nur endlich viele teilerfremde (primitive) ganzzahlige Lösungen hat.

Von der Französin Sophie Germain stammt nun folgender Beitrag zu dem Problem. Weil sie auf ganz geschickte Weise den kleinen Fermat verwendet, wollen wir uns den Beweis anschauen. Wir bereiten ihn zunächst durch den folgenden Satz vor.

Satz 3.4.1 *Sind $x > y$ natürliche Zahlen mit $ggT(x,y) = 1$ und ist $p > 2$ eine Primzahl, dann ist $ggT(x+y, x^{p-1} - y \cdot x^{p-2} + \ldots + y^{p-1})$ eine Potenz von p.*

Beweis: Sei q ein Primfaktor des größten gemeinsamen Teilers, dann ist $x = -y \bmod q$, also

$$x^{p-1} - y \cdot x^{p-2} \ldots + y^{p-1} = p \cdot x^{p-1} = 0 \bmod q.$$

Wäre nun $q \neq p$, dann würde q ein Teiler von x sein. Nun teilt q die Summe $(x+y)$, es würde also folgen, dass q Teiler von y wäre. Das hieße, q teilt den $ggT(x,y)$. Das geht aber beim besten Willen nicht, da $ggT(x,y) = 1$. Also ist $q = p$. □

Satz 3.4.2 *Ist p eine ungerade Primzahl, so dass $2p + 1$ auch eine Primzahl ist, dann hat die Gleichung*

$$(*) \quad x^p + y^p + z^p = 0$$

höchstens Lösungen (x, y, z), für die p ein Teiler von $x \cdot y \cdot z$ ist.

Beweis: Angenommen, es gibt eine Lösung x, y, z, wobei p kein Teiler von $x \cdot y \cdot z$ und $q = 2p + 1$ auch eine Primzahl ist. Wir dürfen x, y, z als teilerfremd voraussetzen. Dann ist

$$-x^p = (y + z) \cdot (z^{p-1} - z^{p-2} \cdot y + \ldots + y^{p-1}).$$

Wäre s ein gemeinsamer Primteiler der beiden Faktoren auf der rechten Seite, so müsste $s = p$ gelten. Dann würde p das Produkt xyz teilen. Das geht aber nicht. Also ist:

$$(y + z) = A^p, \quad z^{p-1} - z^{p-2} \cdot y \ldots + y^{p-1} = T^p$$

und natürlich genauso $(x + y) = B^p$ und $x + z = C^p$. Es ist, wie gesagt, $p = \frac{1}{2}(q - 1)$ mit der Primzahl q.

1.Fall: q teilt $x \cdot y \cdot z$ nicht. Es ist dann $x^{q-1} = 1 = y^{q-1} = z^{q-1}$ mod q nach dem kleinen Satz von Fermat. Hier ist es von Bedeutung, dass $q = 2p + 1$ eine Primzahl ist. Rechnet man die Gleichung $(*)$ modulo q so folgt:

$$x^p + y^p + z^p = x^{\frac{q-1}{2}} + y^{\frac{q-1}{2}} + z^{\frac{q-1}{2}} = (\pm 1) + (\pm 1) + (\pm 1) = 0 \text{ mod } q$$

Das ist aber unmöglich, da $q \geq 5$.

2.Fall: q teilt $(x \cdot y \cdot z)$, etwa q teilt x. Es ist $B^p + C^p - A^p = (x+y) + (x+z) - (y+z) = 2 \cdot x$ und also $B^p + C^p - A^p = 0$ mod q. Wieder folgt (da der erste Fall nicht eintreten kann!): q teilt $(A \cdot B \cdot C)$. Da aber q ein Teiler von x ist, so ist q kein Teiler von $(B \cdot C)$. Denn würde q die Zahl B teilen, so auch $B^p = x + y$ und damit y. Wegen $(*)$ würde q auch z teilen. Das geht nicht, da x, y und z teilerfremd sind. Genausowenig ist q ein Teiler von C. q teilt daher A. Damit erhält man: $0 = A^p = y + z$ mod q und $-y = z$ mod q, also $T^p = p \cdot y^{p-1}$ mod q. Nun ist $y = B^p$ mod q (da q Teiler von x), also $T^p = p \cdot (B^p)^{p-1}$. Wegen der besonderen Bauart von q ist $B^p = \pm 1$ mod q sein. Da aber $p - 1$ gerade ist, folgt: $\pm 1 = T^p = p$ mod q. Das hieße $p = \pm 1$ mod q. Das ist hinwiederum unmöglich, da $1 < p < q - 1$. $\square$

Wie gesagt stammt diese geistreiche Überlegung von Sophie Germain. Sie wurde am 1.4.1776 in Paris geboren. Als Kind und Jugendliche studierte sie alles, was ihr in die Hände fiel, mit einem Eifer, den ihre Familie als ihrem Alter und Geschlecht völlig unangemessen missbilligte. Zum Studium an der Ecole Polytechnique wurde sie als Frau nicht zugelassen. Ihre Entdeckungen schrieb sie an zeitgenössische Mathematiker unter einem männlichen Pseudonym. Sie vermutete zu Recht, dass sie als Frau nicht ernstgenommen würde. Auch mit Gauß stand sie im Briefwechsel. Er schrieb, als er obigen Beweis erfuhr, an sie zurück. Damals glaubte er noch, sie sei ein Mann.

„Mein Herr !

.... ich preise mich glücklich, daß die Arithmetik in Ihrer Person einen solchermaßen geschickten Freund gefunden hat. Vor allem Ihr Beweis die Primzahlen betreffend, die den Rest zwei ergeben oder nicht, hat mir gefallen. Dieser Beweis ist sehr feinsinnig, obwohl er mir isoliert und nicht auf andere Zahlen übertragbar scheint."

Als er am 30. April 1807 erfahren hatte, dass sein vermeintlicher Briefpartner eine Frau war, schrieb er ihr:

„Wie soll ich Ihnen meine Bewunderung und mein Erstaunen beschreiben, als sich mein geschätzter Briefpartner, Monsieur Le Blanc, in jene herausragende Person verwandelte, die ein derart brillantes Beispiel darstellt für das, was ich kaum glauben konnte. Ein Talent für die abstrakten Wissenschaften im allgemeinen und für die Geheimnisse der Zahlentheorie im besonderen ist sehr selten: Das erstaunt nicht weiter, enthüllt sich doch die entzückende Anmut dieser Wissenschaft in all ihrer Schönheit nur denjenigen, die den Mut haben, sich tief in sie hinein zu begeben. Wenn dann aber eine Person dieses Geschlechts, das aufgrund unserer Sitten und Vorurteile unendlich viel mehr Hindernisse und Schwierigkeiten vorfindet bei dem Versuch, sich mit den dornigen Forschungen vertraut zu machen, als ein Mann, es dennoch versteht, diese Fesseln zu sprengen und in die tiefsten Geheimnisse einzudringen, so muss diese Person ohne Zweifel den vornehmsten Mut, ein außerordentliches Talent und ein überlegenes Genie besitzen. Die gelehrten Anmerkungen in Ihren Briefen sind so inhaltsreich, daß sie mir tausendfache Freude bereiten. Ich habe sie aufmerksam studiert und bewundere die Leichtigkeit, mit der Sie in alle Bereiche der Arithmetik eingedrungen sind, und den Scharfsinn, mit dem Sie verallgemeinern und vervollkommnen."

Soweit Gauß. Eine Primzahl p, bei der auch $2 \cdot p + 1$ eine Primzahl ist, heißt zu Ehren der großen Mathematikerin „Sophie–Germain–Primzahl".

$3, 11, 23 \ldots$ sind von dem Typ. Man weiß bis heute nicht, ob es unendlich viele solcher Primzahlen gibt. Über S. Germain kann man manches erfahren aus A.D. Dalmédico, Sophie Germain, Spektrum der Wissenschaft 2/1992, S80 ff.

3.5   Verschlüsseln mit dem Kleinen Fermat

Exponentiation Chiffering: Wir hatten früher in 2.6 einen Text durch die Cäsar-Chiffrierung verschlüsselt. Ist das zugrunde gelegte Alphabet endlich, so können wir annehmen, dass das Alphabet in Form von natürlichen Zahlen vorliegt. Jedem Buchstaben entspricht genau eine Zahl und je zwei verschiedenen Buchstaben zwei verschiedene Zahlen. Zum Beispiel können wir wieder die gleiche Zuordnung zwischen Buchstaben und Zahle wählen, wie auf Seite 63.

0	1	...	A	...	Z	Ä	Ö	Ü	.	
0	1	...	10	...	35	36	37	38	39	40

Wir bezeichnen mit $\mathbf{B} = \{0, \ldots, 40\}$ die Menge der zugrundeliegenden, als Zahlen codierten Buchstaben.

Die Cäsar-Chiffrierung bestand nun zum Beispiel in folgender Verschlüsselung:

$$C : \mathbf{B} \ni n \mapsto 7 \cdot n - 4 \bmod 41 \in \mathbf{B}$$

Ist dabei ein $C(n) = c = 7 \cdot n - 4 \bmod 41$ gegeben, so lässt sich diese Glcichung leicht nach n auflösen. Die Nachricht ist also eindeutig zu entschlüsseln. Es gibt eine Entschlüsselungsfunktion, die Umkehrfunktion von C. Solche linearen Gleichungen sind leicht zu lösen. Hacker knacken den Code leicht.

Deswegen haben Pohlig und Hellman Ende der siebziger Jahre ein anderes Verfahren – „Potenzieren mit Rest" – vorgeschlagen. Deren Methode wollen wir an dem Beispiel mit obigem Alphabet kennenlernen. Wir gehen dazu aus von der oben beschriebenen Codierung des Alphabets durch die Zahlen 0 bis 40. Wir wählen einen „Exponenten" e, der zu 40 teilerfremd ist (zum Beispiel 7) und legen für die Zahlen $n = 0, \ldots, 40$ die folgende Verschlüsselungsvorschrift fest:

$$V : \mathbf{B} \ni n \mapsto c = n^7 \bmod 41 \in \mathbf{B}.$$

Zum Verschlüsseln des Wortes DU müssen wir nur den 41er–Rest von 13 und 30 berechnen. Zwar ist es in diesem Beispiel leicht möglich, die Reste mit einem Taschenrechner zu berechnen, doch ist es wieder einmal zweckmäßig, sich an das Programm PotenzmodP zu erinnern. In unserem Beispiel ist $13^7 = 26 \bmod 41$ und $30^7 = 6 \bmod 41$. Das chiffrierte DU heißt also Q6. So einfach die Verschlüsselung geht - nach welcher Methode entschlüsselt der Empfänger die Chiffre c? Wir suchen also die Entschlüsselungsfunktion. Gibt es eine? Wir wollen es wieder mit Potenzieren modulo p versuchen. Wir suchen also einen Exponenten d, so dass $V(n)^d = (n^7)^d = n \bmod 41$ für alle $n \in \mathbf{B}$ ist. Zunächst wissen wir, dass $n^{40} = 1 \bmod 41$ für alle $b \in \mathbf{B}$ ist wegen Satz 3.1.1. Daher folgt für alle $k \in \mathbb{Z}$ $n^{40k} = 1 \bmod 41$ (für alle $n \in \mathbf{B}$). Und daher ist $n^{40k+1} = n \bmod 41$. Wir suchen daher ein $d \in \mathbb{N}$, so dass

$$7 \cdot d = 40k + 1 \text{ für ein } k \in \mathbb{Z} \text{ gilt.}$$

Wie gut, dass wir am Anfang den Verschlüsselungsexponenten zu 40 teilerfremd gewählt haben. Deswegen ist 7 invertierbar modulo 40 und diese Gleichung lösbar. Wir finden die Lösung durch den euklidischen Algorithmus oder in diesem einfachen Fall durch glückliches Raten. Und zwar ist $7 \cdot 23 = 161 = 1 \bmod 40$. Die Entschlüsselungsfunktion sieht also so aus:

$$E : \mathbf{B} \ni c \mapsto c^{23} \bmod 41 \in \mathbf{B}$$

Und wir sehen: $E(V(n)) = E(n^7 \bmod 41) = n^{7 \cdot 23} \bmod 41 = n \bmod 41$.

Aufgaben:

245. Man überprüfe die Wahl des Entschlüsselungsexponenten an der Chiffre RS.

246. (a) Chiffriere das Wort BUCH, wenn der Verschlüsslungsexponent $e = 17$ ist, und berechne den Entschlüsslungsexponenten ($p = 41$ wie im Text).

   (b) Weise nach für $p = 41$, dass $e = 11 = d$ gilt (Ver- und Entschlüsselungsprozedur stimmen überein).

   (c) Bestimme für $p = 41$ alle Exponenten e, so dass Ver- und Entschlüsselungsprozedur übereinstimmen ($d = e$). (Hinweis: Chinesischer Restsatz)

247. Damit unser Verschlüsseln noch näher an der Praxis und konkreter wird,
wollen wir als Alphabet die lesbaren Zeichen des sogenannten ASCII–Code
zugrundelegen. Jedes von 255 möglichen Zeichen entspricht einem Byte,
also einer 8stelligen Dualzahl. Das erste lesbare Zeichen, das Blank, also
die Leertaste , hat die Nummer 32. Genaue Zuordnungstabellen sind in
fast jedem Programmierhandbuch zu finden. In Pascal liefert **ord(c)** die
Nummer eines eingetippten Buchstabens c und **chr(45)** den Buchstaben
mit der Nummer 45. Es gibt also $255 - 32 = 223$ lesbare Zeichen. 223 ist
glücklicherweise eine Primzahl und zum Beispiel ist 19 teilerfremd zu 222.
Wir können also folgendermaßen verschlüsseln:

$$V : \{0, \dots, 223\} \ni n \mapsto n^{19} \bmod 223 \in \{0, \dots, 223\}$$

(a) Schreibe mit Hilfe von PotenzmodP ein Verschlüsselungsprogramm,
    welches einen von einer Datei eingelesenen Text verschlüsselt und in
    einer Ausgabedatei abliefert.

(b) Schreibe die zu Teil (a) zugehörige Entschlüsselungsfunktion.

(c) Wie viele mögliche Verschlüsselungsexponenten gibt es?

(d) Gibt es Verschlüsselungen, bei denen Verschlüsseln und Entschlüsseln
    die gleichen Funktionen sind?

(e) Gibt es Verschlüsselungen V, bei denen $V \circ V$ die Entschlüsselung ist?

(f) Gibt es einen Verschlüsselungsexponenten, bei dem aus AHA das Wort
    OHO wird?

3.6   Logarithmieren modulo p

oder: *Was macht die Verschlüsselung so sicher?* Wir wollen uns diese Frage
an der folgenden Aufgabe verdeutlichen.

248. Die Zahlen von $2, \dots, 10$ werden gemäß $c = n^e \bmod 11$ verschlüsselt. $p = 11$
ist also bekannt. Außerdem weiß man noch, dass die Zahl 2 in die Zahl 7
chiffriert wird. Welches sind die Ver– und Entschlüsselungsexponenten e
bzw. d?

Diese Aufgabe führt uns auf das Problem, die Exponentialgleichung

$$2^e = 7 \bmod 11$$

zu lösen. In der Algebra der reellen Zahlen sind uns diese Gleichungen (vielleicht) auch schon begegnet, und sie führten dort auf den Begriff des Logarithmus: $2^e = 7$ heißt, e ist Logarithmus von 7 zur Basis 2, wir schreiben $\log_2 7$. In unserem Taschenrechner sind die Zehnerlogarithmen (Basis 10) $\log_{10} x = \lg x$ und die natürlichen Logarithmen (Basis $e = 2,71828\ldots$) $\log_e x = ln(x)$ gespeichert und im allgemeinen auch noch für achtstellige Zahlen mit einer Genauigkeit von acht Stellen abrufbar. Damit ist es leicht, eine Gleichung $a^x = b$ (a, b in „Taschenrechnergröße") zu lösen: $x = \dfrac{\lg b}{\lg a}$.

Auch unser Computer kann damit arbeiten (u.U. auch für größere a, b). Prinzipiell ist dies auch modulo p möglich. Aber in unserer Situation ist es nicht mehr ganz so einfach. Zunächst ist keineswegs jede solche Gleichung lösbar. Zum Beispiel ist $2^x = 3 \bmod 17$ unlösbar. Damit alle möglichen Gleichungen $a^x = b \bmod p$, $b \neq 0 \bmod p$ lösbar sind, muß a eine Primitivwurzel von p sein. In diesem Fall können wir aber ganz ähnliche Begriffe bilden, wie in der reellen Algebra.

Definition 3.5 Sei p eine Primzahl und a eine Primitivwurzel. Ist $b \in \mathbb{Z}/p\mathbb{Z}$, so gibt es genau eine Zahl $i \in \{0, \ldots, p-2\}$ mit $a^i = b$. Diese Zahl heißt Index von b zur Basis a, wir schreiben $\mathrm{ind}_a(b)$. Dabei wird in folgendem der Primmodul p als selbstverständlich vorausgesetzt.

Für das Rechnen mit Indizes gelten nun ganz ähnliche Gesetze wie für das Rechnen mit Logarithmen.

Satz 3.6.1 *p sei eine Primzahl und a eine Primitivwurzel, dann gilt:*

1. $\mathrm{ind}_a(b \cdot c) = \mathrm{ind}_a(b) + \mathrm{ind}_a(c) \bmod (p-1)$.

2. $\mathrm{ind}_a(b^c) = c \cdot \mathrm{ind}_a(b) \bmod (p-1)$.

3. $\mathrm{ind}_a(1) = 0$ *und* $\mathrm{ind}_a(a) = 1$.

Der Beweis ist einfach und wird als Übungsaufgabe gestellt.

Für kleine Primzahlen ist es leicht, eine Indextabelle aufzustellen. So ist zum Beispiel 3 eine Primitivwurzel von 17. Die zugehörige Indextabelle sieht so aus:

a	1	2	3	4	5	6	7	8	9	10	11	12	13	14
$ind_3(a)$	0	14	1	12	5	15	11	10	2	3	7	13	4	9

Nehmen wir nun an, es sei von einem Verschlüsselungssystem bekannt, dass es die 6 in die 13 verschlüsselt. Der Primmodul sei 17. Gesucht ist der Verschlüsselungsexponent.

Aus der Tabelle ergibt sich: $3^{15} = 6 \bmod 17$ und $3^4 = 13 \bmod 17$. Außerdem ist $6^e = 13$. Dann gilt: $3^{15 \cdot e} = 3^4 \bmod 17$ und daher $3^{15e-4} = 1 \bmod 17$. Da 3 eine Primitivwurzel ist, folgt: $15e - 4 = 0 \bmod 16$ und also $15e = 4 \bmod 16$. Daher $e = 12 \bmod 16$. Und tatsächlich ist $6^{12} = 13 \bmod 17$. Außerdem ist 12 auch der einzige Exponent modulo 16, der 6 in 13 überführt. Das liegt daran, dass 15 modulo 16 invertierbar ist. Wird aber beispielsweise 9 nach 6 verschlüsselt, so gibt es – na, wie viele Lösungen gibt es wohl?

Ist also eine Primitivwurzel a des Moduls p bekannt und weiß man, dass etwa b nach c verschlüsselt wird, so gilt: $b = a^{\mathrm{ind}(b)}$; $c = a^{\mathrm{ind}(c)}$ und $b^e = c$. Daher ist $a^{e \cdot \mathrm{ind}(b)} = a^{\mathrm{ind}(c)}$. Damit ist $e \cdot \mathrm{ind}(b) = \mathrm{ind}(c) \bmod (p-1)$.

Ist der $\mathrm{ggT}(\mathrm{ind}(b), p-1)$ ein Teiler von $\mathrm{ind}(c)$, so ist diese Gleichung lösbar. Wenn nicht, kann es ein solches e nicht geben. Andernfalls finden wir ein mögliches e folgendermaßen:

- Es gibt ein z so, dass $\mathrm{ind}(c) = \mathrm{ggT}(\mathrm{ind}(b), p-1) \cdot z$.

- Wir bestimmen mit Bezout($\mathrm{ind}(b), p-1, x, y, \mathrm{ggT}$) (vergl. 2.4, Seite 51), zwei Zahlen x, y so, dass

$$x \cdot \mathrm{ind}(b) + y \cdot (p-1) = \mathrm{ggT}(\mathrm{ind}(b), p-1)$$

und also $(z \cdot x)\,\mathrm{ind}(b) + y \cdot z(p-1) = \mathrm{ind}(c)$.

- $c \cdot x$ ist dann ein mögliches e. Es braucht noch keineswegs der Verschlüsselungsexponent zu sein, wie wir weiter oben gesehen haben.

Bei großen Primzahlen gibt es nun mehrere praktische Schwierigkeiten. So gibt es bis heute keinen schnellen Algorithmus, um eine Primitivwurzel zu finden. Das wird schon im Beweis über die Existenz solcher Primitivwurzeln deutlich. Es war ein reiner Existenzbeweis. Er sagte nichts darüber aus, wie eine solche Primitivwurzel zu finden ist. Selbst wenn man so glücklich ist und eine Primitivwurzel kennt, so kann es noch beliebig lange dauern, von einer beliebigen Zahl den Index auszurechnen. Mit den heutigen Methoden bei großen Primzahlen hunderte von Jahren. Selbst wenn man also den Primmodul samt Primitivwurzel kennt und sogar weiß, dass etwa b nach c verschlüsselt wird, so ist eine Entschlüsselung immer noch hoffnungslos.

Aufgaben:

249. Zeichne den Graphen der Ind- Funktion zur Basis 7.

250. Fertige eine Indextafel für $p = 11$ und $p = 17$ bei gemeinsamer Primitivwurzel.

251. Schreibe eine Funktion **index(a,b,p:zahl):zahl;** welche zu gegebenem Primmodul p und gegebener Primitivwurzel a den index ausrechnet. Mache es mit der Hau-Ruck Methode. Berechne alle möglichen Potenzen von $a \bmod p$, bis b herauskommt.

252. Löse die Exponentialgleichungen

  (a) $6^x = 4 \bmod 11$,

  (b) $9^y = -2 \bmod 17$. Und wo liegt das Problem „modulo p"?

253. Beweise: $\mathrm{ord}_p(a) = \dfrac{p-1}{ggT(ind(a), p-1)}$.

254. $p = 8963$ ist eine Primzahl und eine vierstellige Zahl $< p$ wird durch die Vorschrift $c = n^{143} \bmod 8963$ verschlüsselt.

  (a) Eine Bank übermittelt ihren Kunden auf diese Art und Weise vierstellige Schecknummern. Ein Kunde erhält die Zahl 5885 übermittelt. Wie lautet die Schecknummer? (Hinweis: man setze PotenzmodP ein.)

  (b) Unglücklicherweise sind bei einer anderen Nachrichtenübermittlung mit dem Modul 8963 die Exponenten d und e verloren gegangen. Es ist nur bekannt, dass die Zahl 4701 in die Zahl 8720 verschlüsselt wurde. Man finde die Exponenten d und e und mache sich die oben beschriebenen Probleme klar, die beim Entschlüsseln auftreten, wenn zwar p bekannt, d und e aber geheim sind (2 ist Primitivwurzel).

255. *Bemerkung:* Es ist $p-1 = 8962 = 2 \cdot 4481$ und 4481 ist wieder eine Primzahl, also eine Sophie–Germain–Primzahl. Sie eignen sich in besonderer Weise zur Verschlüsselung nach dem genannten Verfahren, weil die Lösung von Gleichungen $a^x = b \bmod q$ im allgemeinen besonders lange dauert. Näher kann darauf nicht eingegangen werden. Man suche mit dem Computer Beispiele für Sophie–Germain–Primzahlen.

Ein wichtiger Nachteil des beschriebenen Verfahrens ist, dass der „Sender" einer Nachricht dem Empfänger nicht nur die verschlüsselte Nachricht sondern auch die Schlüssel p und d (oder e) bekanntgeben muß. Da die Schlüssel vor Unbefugten geheim gehalten werden müssen, übermittelt man sie auf anderem Wege als die Nachricht selber. In einem späteren Abschnitt wird erklärt, wie man diese Unsicherheit beheben kann („Public-Key-Verfahren").

Die Beweise des folgenden Abschnittes kann man bei der ersten Lektüre überschlagen.

3.7 Einheiten in Primpotenzmoduln

In 2.5 hatten wir ein Element $a \in \mathbb{Z}/n\mathbb{Z}$ Einheit genannt, wenn es in $\mathbb{Z}/n\mathbb{Z}$ invertierbar ist. Dies ist genau dann der Fall, wenn $\mathrm{ggT}(a, n) = 1$ ist wegen Folgerung 2.5.5. Bis jetzt wissen wir genau Bescheid über die Einheiten in dem Ring $\mathbb{Z}/p\mathbb{Z}$, wenn p eine Primzahl ist. Aber wenn p sich weigert, prim zu sein, was dann? In $\mathbb{Z}/9\mathbb{Z}$ sind die Einheiten $1, 2, 4, 5, 7, 8$. Das sind, wenn du richtig zählst, 6 Stück. Aber das wussten wir vorher. Es ergibt sich aus dem Eulerschen Satz über die ϕ–Funktion. Ist aber p eine Primzahl, so können wir eine Einheit finden so, dass sich jede andere als Potenz dieser Einheit schreiben lässt. Primitivwurzel nannten wir so etwas. Wie sieht das im Falle von Primzahlpotenzen aus, beispielsweise bei 9? Die Potenzen von 2 modulo 9 sind: $1, 2, 4, 8, 7, 5$. Wir sehen also: Auch hier lassen sich die Einheiten als Potenzen einer einzigen Zahl schreiben. Um die Sprechweise zu vereinfachen, wollen wir unser begriffliches Werkzeug verfeinern.

Satz 3.7.1 *Ist $m \in \mathbb{N}$, dann erfüllt die Menge der Einheiten in $\mathbb{Z}/m\mathbb{Z}$ folgendes:*

1. Das Produkt zweier Einheiten ist eine Einheit.

2. 1 ist eine Einheit.

3. Ist a eine Einheit, so auch das Inverse $\frac{1}{a}$.

Wir sagen, die Einheiten von $\mathbb{Z}/m\mathbb{Z}$ bilden eine Gruppe, die Einheitengruppe.

Definition 3.6 Die Einheitengruppe E von $\mathbb{Z}/m\mathbb{Z}$ heißt zyklisch, wenn es ein x aus $\mathbb{Z}/m\mathbb{Z}$ gibt so, dass $E = \{x^n \mid n \in \mathbb{N}\}$ ist. Das heißt: Es gibt ein x so dass sich jede Einheit als Potenz von x schreiben lässt. Man sagt: x erzeugt die Gruppe der Einheiten.

Wir wissen: Ist p eine Primzahl, so ist die Einheitengruppe von $\mathbb{Z}/p\mathbb{Z}$ zyklisch. Ein erzeugendes Element ist jede Primitivwurzel. Gerade weiter oben haben wir festgestellt, dass auch in $\mathbb{Z}/9\mathbb{Z}$ die Einheitengruppe zyklisch ist. Bevor du nun den Theorieteil weiter verfolgst, lieber Leser, löse die folgenden Aufgaben:

256. Weise nach:

  (a) 2 erzeugt die Einheitengruppe von $\mathbb{Z}/27\mathbb{Z}$.

  (b) 2 erzeugt die Einheitengruppe von $\mathbb{Z}/81\mathbb{Z}$.

  (c) Für alle natürlichen Zahlen erzeugt 2 die Einheitengruppe von $\mathbb{Z}/3^n\mathbb{Z}$.

257. Weise Nach:

  (a) Es ist $\mathrm{ord}_7(2) = 3$. Berechne $\mathrm{ord}_{49}(2)$.

  (b) Zeige: Es ist $\mathrm{ord}_{7^n}(2) = 3 \cdot 7^{n-1}$ für alle n.

258. Erstelle mit dem Computer eine Liste aller Primzahlen ≤ 100000, bei denen 2 die Einheitengruppe erzeugt.

259. Bestimme mit dem Computer die kleinste Primzahl p, bei der 2 die Einheitengruppe von $\mathbb{Z}/p\mathbb{Z}$, aber nicht von $\mathbb{Z}/p^2\mathbb{Z}$ erzeugt. Es sollte sich 1093 ergeben, eine Zahl, der wir später noch einmal begegnen werden.

260. (a) Zeige: $5^{2^6} \cdot a - 1$ ist für alle $a \in \mathbb{N}$ teilbar durch 2^8.

  (b) Ist $5^a - 1$ durch 128 und 7 teilbar, dann durch 97.

  (c) Für welche b ist $2^b - 1$ durch 97 teilbar?

  (d) Zeige: Ist $2^{300} \cdot a - 1$ durch 97 teilbar, dann auch durch 257.

  (e) Bestimme alle b so, dass $5^b - 1$ durch 257 teilbar ist.

  (f) Zeige: Für alle $n \in \mathbb{N}, n \geq 2$ gilt: $2^n \mid (5^{2^{n-2}} - 1)$.

Satz 3.7.2 *Ist p eine Primzahl, dann gibt es in $\mathbb{Z}/p\mathbb{Z}$ eine Primitivwurzel x mit $x^{p-1} \neq 1 \bmod p^2$.*

Beweis: Die Einheitengruppe von $\mathbb{Z}/p\mathbb{Z}$ ist zyklisch. Also gibt es eine Zahl $x \in \mathbb{Z}$ so, dass x die Einheitengruppe erzeugt. Ist $x^{p-1} \neq 1 \bmod p^2$, so sind wir fertig. Andernfalls ist $x^{p-1} = 1 \bmod p^2$. Wir betrachten dann das Element $y = x+p$ in $\mathbb{Z}/p^2\mathbb{Z}$. Es gilt: $(x+p)^{p-1} = x^{p-1}+(p-1)\cdot x^{p-2}\cdot p+\binom{p-1}{2}\cdot x^{p-3}\cdot p^2 \ldots = 1-p\cdot x^{p-2} \neq 1 \bmod p^2$. Wäre nämlich $1-p\cdot x^{p-2} = 1$ in $\mathbb{Z}/p^2\mathbb{Z}$, so wäre $-p\cdot x^{p-2} = 0$. Also wäre $-p = -p\cdot x^{p-1} = -p\cdot x^{p-2}\cdot x = 0 \bmod p^2$, weil $x^{p-1} = 1 \bmod p^2$. Das geht aber nicht, da $-p \neq 0 \bmod p^2$. □

Satz 3.7.3 *Ist p eine ungerade Primzahl, dann gibt es eine Primitivwurzel von $\mathbb{Z}/p\mathbb{Z}$, die die Einheitengruppe von $\mathbb{Z}/p^2\mathbb{Z}$ erzeugt.*

Beweis: Nach der Überlegung vorher gibt es eine Primitivwurzel von $\mathbb{Z}/p\mathbb{Z}$ derart, dass $x^{p-1} \neq 1 \bmod p^2$ gilt. Nun ist $d = \mathrm{ord}_{p^2}(x)$ ein Teiler von $(p-1)\cdot p$. Außerdem ist $x^d = 1 \bmod p$. Also, $(p-1)$ teilt d. Daher ist $d = (p-1)\cdot k$. Und da d ein Teiler von $(p-1)\cdot p$ ist, folgt $k = p$. $k = 1$ ist unmöglich, da dann $x^{p-1} = 1 \bmod p^2$ wäre. □

Satz 3.7.4 *Ist p eine ungerade Primzahl, und erzeugt x die Einheitengruppe von $\mathbb{Z}/p^2\mathbb{Z}$, so gilt für jedes $r \geq 2$:*

$$x^{\phi(p^{r-1})} \neq 1 \bmod p^r.$$

Dabei ist ϕ die Euler-Funktion.

Beweis: Der Beweis wird durch Induktion nach r geführt. Für $r = 2$ ist die Behauptung nach Voraussetzung richtig. Sei die Behauptung für $r \geq 2$ richtig. Nach dem Satz von Fermat–Euler ist $x^{\phi(p^{r-1})} = 1 \bmod p^{r-1}$ Also ist $x^{\phi(p^{r-1})} = 1 + n \cdot p^{r-1}$, wobei p nicht n teilt. Damit erhalten wir:

$$
\begin{aligned}
x^{\phi(p^r)} &= (1 + n \cdot p^{r-1})^p \\
&= 1 + p \cdot n \cdot p^{r-1} + \binom{p}{2} \cdot n^2 \cdot (p^{r-1})^2 + \ldots \\
x^{\phi(p^r)} &= 1 + n \cdot p^r \bmod (p^{r+1}) \\
&\neq 1 \bmod (p^{r+1}),
\end{aligned}
$$

da p kein Teiler von n ist. □

Satz 3.7.5 *Es sei p eine ungerade Primzahl und $r \geq 1$. Dann ist die Einheitengruppe von $\mathbb{Z}/p^r\mathbb{Z}$ zyklisch. Ist x ein erzeugendes Element der Einheitengruppe von $\mathbb{Z}/p\mathbb{Z}$ und ist $x^{p-1} \neq 1$ mod p^2, dann erzeugt x die Einheitengruppe von $\mathbb{Z}/p^r\mathbb{Z}$ für alle $r \geq 1$.*

Beweis: Es gibt eine primitive Wurzel x modulo p so, dass $x^{p-1} \neq 1$ mod p^2 ist. Sei $d = \mathrm{ord}(x)$ mod (p^r). Dann ist $x^d = 1$ mod p^r. Also ist $x^d = 1$ mod p, und damit ist $(p-1)$ Teiler von d. Andererseits gilt: d ist Teiler von $\phi(p^r)$. Damit ist d also Teiler von $(p-1) \cdot p^{r-1}$. Wir erhalten: $d = (p-1) \cdot p^{k-1} = \phi(p^k)$ mit $1 < k \leq r$. Wäre $k < s$, so wäre $x^{\phi(p^{r-1})} = 1$ mod p^r, im Widerspruch zu obigen Überlegungen. Also ist $d = \phi(p^r)$. □

Satz 3.7.6 *Hat x die Ordnung d mod p und ist $x^d \neq 1$ mod p^2, dann ist für jedes $r \geq 2$: $x^{d \cdot p^{r-1}} = 1$ mod p^r und $x^{d \cdot p^{r-2}} \neq 1$ mod p^r.*

Beweis: Zunächst ist: $x^{d \cdot p^{r-1}} = 1$ mod p^r für alle $r \geq 2$. Wir zeigen das durch Induktion. Für $r = 1$ ist $x^d = 1$ mod p nach Voraussetzung. Sei die Behauptung für r richtig.

$$
\begin{aligned}
x^{d \cdot p^r} &= (1 + n \cdot p^r)^p = 1 + p \cdot (n \cdot p^r) + \binom{p}{2} \cdot (n \cdot p^r)^2 + \ldots \\
&= 1 + n \cdot p^{r+1} + \ldots = 1 \bmod p^{r+1}.
\end{aligned}
$$

Nun zum zweiten Teil der Behauptung. Sie gilt nach Voraussetzung für $r = 2$.

Induktionsannahme: Sie gelte für $r \geq 2$. Dann ist wegen $x^{d \cdot p^{r-2}} = 1$ mod p^{r-1} und also $x^{d \cdot p^{r-2}} = 1 + n \cdot p^{r-1}$, wobei wegen der Induktionsvoraussetzung p nicht n teilt. Damit ist

$$
\begin{aligned}
x^{d \cdot p^{r-1}} &= (1 + n \cdot p^{r-1})^p \\
&= 1 + p \cdot n \cdot p^{r-1} + \binom{p}{2} \cdot n^2 (p^{r-2})^2 + \ldots \\
&= 1 + n \cdot p^r \neq 1 \bmod p^{r+1}.
\end{aligned}
$$

□

Satz 3.7.7 *p sei eine ungerade Primzahl. Hat x die Ordnung d mod p und ist $x^d \neq 1$ mod p^2, dann ist $\text{ord}(x) = d \cdot p^{r-1}$ für alle $r \geq 1$ modulo p^r.*

Beweis: Die Behauptung ist sicher richtig für $r = 1$.

Es ist $x^d \neq 1$ mod p^2, aber $x^{d \cdot p} = 1$ mod p^2. Ist $s = \text{ord}(x)$ mod p^2, so ist s ein Teiler von $d \cdot p$ und, da natürlich auch $x^s = 1$ mod p folgt: d teilt s. Also $s = d \cdot y$. Es ist also $d \cdot p = s \cdot k = d \cdot y \cdot k$. Damit $p = yk$, also $y = 1$ oder $k = 1$. Ist $k = 1$, so ist man fertig. Andernfalls ist $p = k$. Dann wäre $s = d$. Das hieße $x^d = 1$ mod p^2, was aber gerade nicht der Fall ist.

Gelte nun die Behauptung für $r \geq 2$. Wir zeigen, das unter dieser Voraussetzung die Behauptung auch für $r + 1$ gilt. Es ist zunächst $x^{d \cdot p^{r-1}} \neq 1$ mod p^{r+1} und $x^{d \cdot p^r} = 1$ mod p^{r+1} nach dem vorher Gesagten. Sei $s = \text{ord}(x)$ mod p^{r+1}. Dann teilt s das Produkt $d \cdot p^r$, also ist s von der Form $s \cdot y = d \cdot p^r$. Außerdem ist $x^s = 1$ mod p^r und daher $s = d \cdot p^{r-1} \cdot k$, also $k \cdot y = p$. Genauso wie vorher überlegt man sich mit nicht allzu großer Mühe, dass $k = p$ ist. $\square$

Aufgaben:

261. (a) Bestätige: 10 ist Primitivwurzel modulo 487, aber nicht modulo 487^2.

    (b) Ebenso: 14 modulo 29 bzw. 29^2.

    (c) Zeige: $\text{ord}(2) = 10 \cdot 11^{r-1}$ für alle $r \geq 1$.

    (d) Berechne $\text{ord}(2)$ mod 17^r.

    (e) Berechne $\text{ord}(2)$ mod 13^r.

262. (a) Bestimme alle Lösungen der Gleichung $x^b = 3^a + 1$.

    (b) Bestimme alle Lösungen der Gleichung $x^b = 5^a + 1$.

    (c) p sei eine Primzahl. Bestimme alle Lösungen der Gleichung $x^b = p^a + 1$.

    (d) Schwieriger scheint es zu sein, eine Gleichung der Form $x^b = y^a + 1$ zu lösen, wenn y keine Primzahl ist. Beispielsweise $5^b = 6^a + 1$.

    (e) Löse: $7^b = 6^a + 1$.

    (f) Löse: $13^b = 6^a + 1$. $17^b = 6^a + 1$.

    (g) Löse: $x^b = 6^a + 1$.

263. Primzahlen p so, dass $2^{p-1} = 1 \bmod p^2$ ist, sind von besonderem Interesse. 1909 zeigte Wieferich: Angenommen es gibt Zahlen x, y, z, so dass die ungerade Primzahl p keine der Zahlen teilt, und ist $x^p + y^p + z^p = 0$, dann muss $2^{p-1} = 1 \bmod p^2$ sein. (Siehe das Buch von Ireland, Rosen auf Seite 221.) (Diese Situation heißt 1. Fall des Fermatschen Satzes. Denke auch an Sophie Germain.) Diese Bedingung ist natürlich leicht mit dem Rechner nachzuprüfen. Durchmustere mit dem Computer alle Primzahlen bis 1000000 nach solchen Primzahlen. Bis heute ist unbekannt: Gibt es unendlich viele Primzahlen p mit $2^{p-1} = 1 \bmod p^2$?

264. Wir bezeichnen: $q_p(a) = \dfrac{a^{p-1} - 1}{p}$ als Fermat-Quotient mit Basis a und Exponent p ($a \geq 2$). Der Fermat- Quotient ist stets eine ganze Zahl. Durchmustere zu den folgenden Basen 2, 3, 5 alle Primzahlen bis 100000 nach solchen, bei denen der Fermat-Quotient wieder durch p teilbar ist. Man weiß heute: Gibt es eine Primzahl p und Zahlen x, y, z, die alle keine Vielfachen von p sind, und ist $x^p + y^p + z^p = 0$, so muss $q_p(l) = 0 \bmod p$ sein für alle Primzahlen $l \leq 31$. (Vgl. auch W.Johnson, On the non vanishing of Fermat's quotient (mod p), Journal f. d. reine u. angew. Mathematik 292 (1977), 196–200)

4 Die Jagd nach großen Primzahlen

„... Wir durchlebten noch einmal alle die verschiedenen Eindrücke ..., und wir sogen gierig den würzigen Frühlingsduft ein, von dem die Luft durchtränkt war. Uns ... war das Herz von einer bangen Erwartung beklommen." ([Kow68], Seite 172)

4.1 Der negative Fermat-Test

Die Konstruktion sicherer Verschlüsselungsverfahren führt, wie wir im letzten Abschnitt gesehen haben, auf das Problem, möglichst große Primzahlen zu finden. Bis jetzt haben wir, um zu entscheiden, ob eine Zahl prim ist oder nicht, nach Faktoren gesucht. Was aber, wenn der kleinste Faktor gigantisch ist? Dann wird auch nach Weltaltern der schnellste Computer ergebnislos nach ihm suchen. Ist aber zum Beispiel etwas über die Bauart der fraglichen Zahl bekannt, so müssen wir die Hoffnung nicht aufgeben. Dann gibt es andere Methoden. So wusste man schon im 19. Jahrhundert, dass die neunundzwanzigstellige Zahl $F_7 = 2^{2^7} + 1$ keine Primzahl ist. Aber erst im Jahre 1970 hat man mit einem Computer ihre Zerlegung gefunden: $F_7 = 59649589127497217 \cdot 5746890200685129054721$ (Morrison, Billhart 1971).

Der Ausgangspunkt vieler guter und schneller Primzahltests ist der kleine Fermatsche Satz, der besagt: Ist p eine Primzahl, dann ist für alle ganzen Zahlen a $a^p = a \bmod p$. Ist also für irgendeine ganze Zahl a die Kongruenz nicht erfüllt, so kann p keine Primzahl sein. Das ergibt:

Bemerkung 4.1.1 (Kriterium für „Nicht-Primzahlen") *Ist für irgend eine ganze Zahl $a^n \neq a \bmod n$, so ist n keine Primzahl.*

Wenn man diesen negativen Test anwendet, so versucht man es zunächst meist mit der „Testbasis" $a = 2$:
Beispiele:

1. $2^6 = 4 \bmod 6$. Also ist 6 keine Primzahl (welche Überraschung!).

2. $2^{3363148097} = 131072(= 2^{21})$ mod 3363148097. Diese zehnstellige Zahl kann also auch keine Primzahl sein.

3. „Repunits" (siehe Aufgabe 203) $R_n = \frac{1}{9} \cdot (10^n - 1) = 111\ldots11$ (n Einsen) ist für n von 3 bis 13 keine Primzahl. Denn 2^{R_n} lässt bei Division durch R_n einen Rest r_n verschieden von 2:

n	3	4	5	6	7	8	9
r_n	8	937	9961	42869	1107782	8230414	96666315

n	10	11	12	13
r_n	242935453	2992649798	34901278238	920227682634

Man sieht übrigens sehr leicht ein, dass R_n höchstens dann eine Primzahl sein kann, wenn n eine Primzahl ist: Bei der Suche nach primen Repunits R_n bleiben also nur die R_p, wobei p eine Primzahl ist, als mögliche Kandidaten. Unsere Tabelle, zusammen mit dem negativen Fermat-Test, zeigt, dass keine der Zahlen $R_3, \ldots, R_{13}$ Primzahl ist so, dass bis R_{16} nur R_2 unzerlegbare Repunit ist. Die einzigen (bis 1989) bekannten primen Repunits sind $R_2, R_{19}, R_{23}, R_{317}$ und R_{1031}. Ferner weiß man, dass für $p < 10000$ keine weiteren primen R_p auftreten. Es ist eine offene Frage, ob es unendlich viele prime Repunits gibt. In dem Buch von Riesel findet man die Zerlegung der R_n für alle ungeraden $n < 100$. Sobald wir den negativen Fermat-Test ernstlich einsetzen wollen, müssen wir einen Computer verwenden und auf das Programm PotenzmodP in Abschnitt 2.5 auf der Seite 61 zurückgreifen.

Aufgaben:

265. Beweise: Eine Repunit R_n kann nur Primzahl sein, wenn n selber Primzahl ist.

266. Berechne die Reste von 2^n und von 3^n bei Division durch n für die natürlichen Zahlen $1, \ldots, 31$. Welche Nicht–Primzahlen liefert in beiden Fällen der negative Fermat–Test, und welche Primzahlen bis 31 gibt es darüber hinaus noch?

267. Überprüfe, dass 5099719 und 86146913 keine Primzahlen sind.

268. (a) Zerlege R_9, R_{10} und R_{12} in Primfaktoren.

(b) Die Primfaktorzerlegung von R_{11} sieht so aus: $11111111111 = 21649 \cdot 513239$. Der Rechenkünstler Sylvester Dase hat 1846 nach mehrstündiger Kopfrechenarbeit diese Zerlegung gefunden. Dadurch angeregt hat sich mit diesem Problemkreis auch der berühmte Mathematiker C. G. Jacobi in seiner Arbeit „Untersuchung, ob die Zahl 11, 111, 111111 eine Primzahl ist oder nicht. Ein Kuriosum, veranlasst durch Dase" beschäftigt. Auch die Primfaktorzerlegung von R_{13} ist mit unseren bisher verfügbaren Mitteln nicht ganz einfach zu finden. Allerdings wird diese Aufgabe wesentlich einfacher, wenn man weiß, dass die Zerlegung aus drei Primfaktoren besteht (und zwei dieser Faktoren unter 100 liegen). Mit diesen Informationen zerlege man R_{13} in Primfaktoren.

(c) Zerlege R_{15} so weit wie möglich (2906161 ist Primzahl!).

269. Anstatt Zahlen der Form $R_n = \frac{1}{9} \cdot (10^n - 1)$ kann man allgemeiner solche der Form $\dfrac{a^n - 1}{a - 1}$ untersuchen (Repunits im Stellenwertsystem mit Basis a).

(a) Suche mit dem negativen Fermat-Test und dem Programm PotenzmodP möglichst viele zusammengesetzte Zahlen der Form $D_p = \frac{1}{2} \cdot (3^p - 1)$. Man kann sich auf prime p beschränken. Bekannt ist übrigens, dass D_3, D_7, D_{13}, D_{71}, D_{103} und D_{541} Primzahlen sind. Ob es noch mehr – oder gar unendliche viele – Primzahlen D_p gibt, scheint nicht bekannt zu sein.

(b) Wie (a) für Fp mit $a = 5$ und E_p mit $a = 11$. (In dem Buch von Ribenboim kann man nachlesen, dass F_3, F_7, F_{11}, F_{13}, F_{47}, F_{127}, F_{149}, F_{181}, F_{619}, F_{929}, E_{17}, E_{19}, E_{73}, E_{139}, E_{907} Primzahlen sind. In diesem Buch findet man auch weitere Literatur zu diesem Thema.)

Die Zahlen $2^n \pm 1$ werden wir später näher untersuchen, so dass wir an dieser Stelle nicht näher auf sie eingehen müssen. Auch die $\frac{1}{3} \cdot (4^n - 1)$ werden bald eine wichtige Rolle spielen.

Beispiel 4: Die Zahlen der Form $333\ldots331$ kann man auch in der Form $z_n = \frac{1}{3}(10^n - 7)$ schreiben. Aus einer Primzahltafel entnimmt man, dass die ersten drei Zahlen $31, 331, 3331$ Primzahlen sind. Wir suchen eine Zahl dieser Bauart, die keine Primzahl ist. Dazu setzen wir wieder den negativen Fermat-Test mit der Test-Basis $a = 2$ ein:

n	2 bis 8	9	10	11	12
Rest	2	235425188	2799910860	1684575087	38750750244

Jedenfalls können wir der Tabelle entnehmen, dass z_9, z_{10}, z_{11} und z_{12} keine Primzahlen sind. Was es mit den z_5 bis z_8 auf sich hat, wollen wir in einer späteren Aufgabe behandeln. Einstweilen wollen wir für z_2 bis z_8 den negativen Fermat-Test nur mit anderen Testbasen durchführen:

270. Untersuche mit dem negativen Fermattest mit den Testbasen $a = 3$ und 5 die Zahlen z_2, z_3, z_4 und so weiter (so weit wie möglich).

271. (a) Suche den kleinsten Teiler $t > 1$ der Nicht-Primzahl $z_9 = 333333331$ und beweise, dass t jede Zahl der Form z_{16k+9} teilt ($k \in \mathbb{N}$). Unter den Zahlen $333\ldots31$ gibt es also unendlich viele Nicht-Primzahlen.

   (b) Suche den kleinsten Teiler $u > 1$ von z_{12} und beweise, dass u Teiler aller z_{18k+12} ($k \in \mathbb{N}$) ist. (Es scheint nicht bekannt zu sein, ob es unter den z_n unendlich viele Primzahlen gibt.)

   (c) Gibt der negative Fermat-Test Auskunft über die Primalität der ganzen Quotienten $\dfrac{z_9}{t}$ und $\dfrac{z_{12}}{u}$?

272. (a) Berechne für $n = 1, 2, 3, \ldots$ (bis zu möglichst großen n) die Summen $S_n = n^4 + (n + 1)^4$ und die Reste von 2^{S_n} und von 3^{S_n} bei Division durch S_n. Gib einige n an, für die S_n keine Primzahl ist und suche das kleinste S_n, das in drei Primfaktoren zerfällt.

   (b) Beweise: Es gibt unendlich viele zusammengesetzte Zahlen der Form $n^4 + (n + 1)^4$ (Hinweis: Beispielsweise gibt es unendlich viele $n \in \mathbb{N}$ so, dass $17|S_n$ gilt.)

   (c) „Immer wieder" beobachtet man $2^{S_n} = 2^{17}$ mod S_n. Erkläre das mit Hilfe des folgenden tiefliegenden Satzes von Dirichlet: Sind $a, b \in \mathbb{N}$ und ist $\mathrm{ggT}(a, b) = 1$, dann kommen in der Folge $a + b \cdot n$, $n \in \mathbb{N}$ unendlich viele Primzahlen vor. Lejeune Dirichlet (1805 bis 1859) war Sohn eines Postkommissars aus Düren. Er hatte französische oder wallonische Vorfahren. Seine mathematische Ausbildung erhielt er in Paris. Dort lernte er die großen französischen Mathematiker J. J. Fourier, S. D. Poisson und S. F. Lacroix kennen. Gauß nannte seine mathematischen Arbeiten „Juwelen, die man nicht mit der Krämerwaage wiegt". Den Primzahlsatz bewies er, indem er die Ideen von Gauß aus den „Disquisitiones arithmeticae " und seines französischen Lehrers Fourier genial verallgemeinerte und miteinander verband. Er hatte viele später berühmte Schüler, u.a. Kummer, Eisenstein, Riemann und Dedekind.

(d) Ist $f(x) = \sum_{i=0}^{n} a_i \cdot X^i$ ein Polynom mit ganzzahligen Koeffizienten, dann gibt es zu jeder natürlichen Zahl $k \in \mathbb{N}$ ein $n \geq k$ so, dass $f(n)$ keine Primzahl ist.

- Primzahlen der Form $n^4 + (n+1)^4$ sind, zumindest für kleine n, relativ häufig. Keiner weiß aber, ob es unendlich viele Primzahlen unter den S_n gibt. Man weiß noch nicht einmal ob es unendlich viele Primzahlen der Form $n^2 + 1$ gibt. Hierüber denken zur Zeit sicher ein paar Mathematiker nach, vielleicht gerade in diesem Moment erfolgreich. In allgemeinverständlicher und anschaulicher Weise erzählt davon Serge Lang, nachzulesen in seinem schönen Buch „Faszination Mathematik".

Wir waren bisher recht vorsichtig und haben stets nur aus $a^n \neq a \bmod n$ (z.B. $2^n \neq 2 \bmod n$) geschlossen, dass n keine Primzahl ist. Können wir auch umgekehrt schließen, d.h. können wir auch aus $2^n = 2 \bmod n$ folgern, dass n eine Primzahl ist? Wie sieht es mit folgender Vermutung aus?

Bemerkung 4.1.2 (Falsche Umkehrung von Fermat?) *Ist $2^n = 2 \bmod n$, dann ist n Primzahl.*

Schön (wirklich?) wär's, wenn das der Wahrheit entsprechen würde, denn damit stünde uns ein einfaches Primzahlkriterium zu Verfügung. Gehen wir mal physikalisch vor. Das heißt, wir untersuchen die Frage zunächst „empirisch" oder legen eine Tabelle an für $n = 1, \ldots, 99$.

$2^n \bmod n =$? für $n = 1$ bis 100									
n	0	1	2	3	4	5	6	7	8	9
00	-	0	0	2	0	2	4	2	0	8
10	4	2	4	2	4	8	0	2	10	2
20	16	8	4	2	16	7	4	26	16	2
30	4	2	0	8	4	18	28	2	4	8
40	16	2	22	2	16	17	4	2	16	30
50	24	8	16	2	28	43	32	8	4	2
60	16	2	4	8	0	32	64	2	16	8
70	44	2	64	2	4	68	16	18	64	2
80	16	80	18	2	64	32	4	8	80	2
90	64	37	16	8	4	13	64	2	18	17

Der Tabelle entnimmt man, dass sich (bis 99) genau für die Primzahlen der Rest 2 ergibt (prüfe dies nach!). Unsere Hoffnung, damit ein einfaches

Primzahlkriterium gefunden zu haben, wird also bestärkt! Der Physiker in uns wird über eine so lange bestätigende Messreihe jubeln und obigen Satz als neues Gesetz verkünden. In der Tat wird der Glaube, dass aus $2^n = 2 \mod n$ folge, dass n eine Primzahl sei, den alten Chinesen zugeschrieben. Ribenboim schreibt allerdings, diese Meinung beruhe auf einem Übersetzungsfehler in einer Arbeit aus dem 19. Jahrhundert. Und Dickson schreibt, Leibniz habe angenommen, er hätte diesen „Chinesischen Satz" bewiesen. Die Geschichte falscher Sätze ist also scheinbar noch schwieriger zu erforschen als die Geschichte wahrer Sätze. Vielleicht ist deshalb Geschichte der Philosophie so schwer.

Der Beweis von Leibniz erwies sich also als falsch und das Problem blieb offen, bis Sarrus im Jahre 1819 eine Lösung fand. Wie die Lösung aussieht, beschreiben wir im folgenden Abschnitt über „Pseudo-Primzahlen".

Zunächst jedoch – für die, welche Lust drauf haben – Aufgaben zur Kongruenz $2^n = x \mod n$ ... reine Mathematik, oh reinste Mathematik ...!

Aufgaben:

273. (a) Berechne 2^n in $\mathbb{Z}/n\mathbb{Z}$ für möglichst viele $n \in \mathbb{N}$.

   (b) Zeige: Es gibt unendlich viele $n \in \mathbb{N}$ mit n teilt $2^n + 1$.

   (c) Zeige: Es gibt unendlich viele n, die keine Dreierpotenz sind und dennoch die Bedingung n teilt $2^n + 1$ erfüllen.

   (d) Suche (ggf. mit dem Programm PotenzmodP) jeweils die kleinste natürliche Zahl n so, dass $2^n = 13 \mod n$, $2^n = 17 \mod n$, $2^n = 67 \mod n$.

274. Wir zeigen jetzt, dass für alle $n > 1$ gilt: $2^n \neq 1 \mod n$. Erinnere dich dafür an die Eulersche ϕ-Funktion.

   (a) Beweise: $\mathrm{ggT}(2^a - 1, 2^b - 1) = 2^{\mathrm{ggT}(a,b)} - 1$.

   (b) Angenommen, $n > 1$ sei die kleinste Zahl mit $2^n = 1 \mod n$. Folgere mit Eulers Verallgemeinerung des kleinen Satzes von Fermat: Mit $d = \mathrm{ggT}(\phi(n), n)$ gilt: $2^d = 1 \mod n$.

   (c) Folgere schließlich der Reihe nach: $1 < d \leq \phi(n) < n$, $2^d = 1 \mod d$, was ein Widerspruch (wozu?) ist.

   (d) Resümiere, was wir eigentlich bewiesen haben.

275. Man hat sich gefragt, ob für alle $r > 1$ eine natürliche Zahl n existiert, so dass $2^n = r \bmod n$ ist.

(a) Schreibe ein Programm, das bei vorgegebenem r alle $n < L$ (L möglichst groß) ausgibt mit $2^n = r \bmod n$ ($r \le n$).

(b) Wie in Aufgabe 274 könnte man nach den Rechenergebnissen von Teil (a) vermuten, dass 2^n bei Division durch n nie den Rest 3 lässt. Versuche zunächst weiter, diese Vermutung „numerisch" zu erhärten. Die Belege für diese Vermutung sind in der Tat – auf den ersten und wohl auch fünften Blick – überwältigend. Auch bis $n = 1$ Milliarde (Übung: Schreibe als Zehnerpotenz) – und noch weit darüber hinaus – findet man nie den Rest 3. Und doch hat jemand ein n (das kleinste und bisher wohl einzig bekannte) gefunden:

(c) $2^{4700063497} = 3 \bmod 4700063497$. Versuche diese Kongruenz mit PotenzmodP auf deinem Rechner zu bestätigen. (Hier ist übrigens noch die Primfaktorzerlegung dieser Zahl: $19 \cdot 47 \cdot 5263229$.) Was haben wir daraus gelernt? Man darf sich in der Mathematik – und gleich gar in der Zahlentheorie – nie auf Beispiele, und seien es auch noch so viele, verlassen! (Siehe auch: Rotkiewicz, A. On the Congruence $2^{n-2} = 1 \bmod n$, Math. of Comp. 43 (1984), 271-272.)

Mit dem Ergebnis der letzten Aufgabe konnte der Mathematiker Rotkiewicz folgende schöne Aussage beweisen, die aber im folgenden nicht benutzt wird

Satz 4.1.3 *Es gibt unendliche viele ungerade natürliche Zahlen n so, dass $2^n = 4 \bmod n$ ist.*

Aufgaben:

276. Setze $n := 2^m - 1$, wobei $m = 4700063497$ ist (also $2^m = 3 \bmod m$ ist: vgl. auch Aufgabe 275c). Dann ist n ungerade und es gilt: $2^n = 4 \bmod n$.

(a) Beweise dies! (Hinweis: Warum ist $2^{2^m - 3} = 1 \bmod (2^m - 1)$?) Dieses n ist sehr groß: Schätze die Zahl der Ziffern ab!

(b) Rotkiewicz fragte, wie die kleinste ungerade Zahl n mit der Eigenschaft $2^n = 4 \bmod n$ heißt. Er berichtet, man habe in Warschau bis $n = 4208$ einen Computer rechnen lassen und kein gewünschtes n gefunden. Mok-Kong Shen hat dann 1986, wieder unter Verwendung eines Computers, alle n bis 1000000 gefunden: 20737, 93527, 228727, 373457, 540857 (Primfaktorzerlegung?) (On the Congruence $2^{n-k} = 1 \bmod n$, Math. of Comp. 46 (1986), 715-716).

(c) Kannst du dies mit deinem Computer nachrechnen?

(d) Es fällt auf, dass Shens Zahlen alle auf 7 enden. Der Rezensent dieser Arbeit stellte (in den Mathematical Reviews) die Frage, ob es auch eine Lösung von $2^n = 4 \bmod n$ gebe, die nicht auf 7 endet. Mit den bisherigen Informationen über diesen Problemkreis kann man diese Frage leicht beantworten: wie?

(e) Warum gibt es unendlich viele ungerade n mit $2^n = 4 \bmod n$ (also: kaum haben wir ein Problem gelöst, stellt sich schon ein neues...!)? Wir folgen dazu wieder der Arbeit von Rotkiewicz und verwenden den schon früher – ohne Beweis – benutzten Satz von Zsigmondy: Für alle $n > 6$ gibt es einen Primfaktor p von $2^n - 1$, der $2^m - 1$ nicht teilt, wenn $m < n$. So ein p nennen wir einen primitiven Primfaktor von $2^n - 1$. p hat die Form $p = 2nk+1 \geq 2n-3 > n$, $\mathrm{ggT}(p,n) = 1, k \in \mathbb{N}$. Sei nun $n > 8$ so gewählt, dass $2^n = 4 \bmod n$ und $p = 2(n-2)k+1$ ein primitiver Primfaktor von $4(2^{n-2} - 1)$. Schließe nun der Reihe nach: $np - 2 = (n-2)(2nk+1)$, $2^{np-2} - 1 = 0 \bmod (2^{n-2} - 1)$, $2^{np-2} - 1 = 0 \bmod np$ und folgere die Behauptung. Mit tieferliegenden Hilfsmitteln haben P. Kiss und Bui Minh Phong schließlich folgendes allgemeine Resultat erzielt: Zu jeder natürlichen Zahl k gibt es unendlich viele ungerade natürliche Zahlen n so, dass $2^n = 2^k \bmod n$. (Sie beweisen diesen Satz sogar allgemeiner für $a \geq 2$ anstatt 2.) Auf den Beweis müssen wir hier verzichten.- Aber:

(f) Kannst du mit deinem Computer jeweils das kleinste ungerade n bestimmen so, dass $2^n = 8 \bmod n$, $2^n = 16 \bmod n$, $2^n = 32 \bmod n$, $2^n = 64 \bmod n$ ist?

(g) Wir kennen außer 19147 (nach einer Mitteilung von Alfred Reich) keine Lösung der Kongruenz $2^n = 5 \bmod n$. Gibt es weitere?

(h) Allgemeiner als Teil (g): Es scheint ein ungelöstes Problem zu sein, ob für jedes natürliche k die Kongruenz $2^n = k \bmod n$ eine Lösung hat. Man vermutet aber sogar, dass es stets unendlich viele Lösungen gibt.

(i) Ein anderes, aber damit zusammenhängendes Problem ist, für welche Primzahlen p es Vielfache n von p gibt so, dass $2^n = 2^k \bmod n$ für festes k gilt. Probiere $k = 1, 2, 3$ und andere k.

4.2 Pseudoprimzahlen

Im letzten Abschnitt, Seite 152, haben wir eine Hypothese aufgestellt „$2^n = 2 \bmod n$, dann ist n Primzahl". Es ist noch offen, ob diese Hypothese richtig ist. Wir haben sie zwar für die Zahlen von 2 bis 99 bestätigt – aber das ist natürlich noch kein Beweis! Wir haben zwei Möglichkeiten:

- Schön wäre es, die Behauptung wäre wahr. Wir hätten dann ein einfaches Primzahlkriterium. Wir machen uns ans Werk und suchen nach einem Beweis. Andererseits gibt es Sätze, die sehr schwer beweisbar sind. Insbesondere

- ist es bis heute keinem Homo sapiens gelungen, einen richtigen Beweis für eine Unwahrheit zu erbringen. In dieser Situation suchen wir besser nach einer Zahl n so, dass $2^n = 2 \bmod n$, aber n keine Primzahl ist.

In diesem Dilemma ist der Mensch häufig, und es ist oft viel einfacher, eine als richtig bekannte Aussage zu beweisen (oder eine Aussage, von der man schon weiß, dass sie falsch ist, zu widerlegen) als – wie hier – nicht einmal zu wissen, was denn nun richtig ist. Wir können natürlich die Tabelle vom Ende des letzten Abschnitts einfach weiter fortsetzen und den Rest von 2^n bei Division durch n für weitere zusammengesetzte $n > 99$ (also der Reihe nach für $n = 100, 102, 104, 105, \ldots$) berechnen, in der Hoffnung, irgendwann einmal ein Gegenbeispiel unserer Hypothese zu finden (damit wäre die zweite Möglichkeit eingetreten) – oder mit jedem weiteren von 2 verschiedenen Rest in der Hoffnung bestärkt zu sein, ein wunderbar einfaches Primzahlkriterium gefunden zu haben. Aber wie wir eben erst in Aufgabe 275c) eindrucksvoll erfahren haben, sind 1000 Beispiele ebensowenig eine Beweis wie deren 10000 oder 1000 Millionen. Was also nun? Man braucht eine Idee, erinnert sich an andere Situationen und Fragestellungen, die man schon mal genauer durchdacht hat, und hofft – nach vielen Irrungen – auf den richtigen Einfall. Repunits! Wir schauen uns Zahlen an, die im a-adischen System die Form $11111 \ldots 1$ haben, also Quotienten $\dfrac{(a^n - 1)}{(a - 1)}$.

Wegen $4^n - 1 = (2^n - 1) \cdot (2^n + 1)$ haben wir zunächst mal gute Chancen, dass (für $a = 4$) die 4-adischen Zahlen (Repunits) $1111111 \ldots 111$ im allgemeinen keine Primzahlen sind. Hier sind die ersten sieben 4-adischen Repunits im Dezimalsystem: $1, 5, 21, 85, 341, 1365, 5461$. Diese sind ab 21 offensichtlich ($5461 =$?) keine Primzahlen. Gilt dies allgemein?

Bemerkung 4.2.1 *Für jedes $n > 2$ ist $v(n) = \dfrac{(4^n - 1)}{3}$ keine Primzahl.*

Warum ist das so? Hier der *Beweis:* $v(n) = \dfrac{(2^n - 1) \cdot (2^n + 1)}{3}$. Dabei ist 3 ein Teiler des ersten Faktors, wenn n eine gerade Zahl ist. Andernfalls ist 3 ein Teiler des zweiten. In jedem Fall ist aber für $n > 2$: $\dfrac{2^n + 1}{3} > \dfrac{2^n - 1}{3} > 1$. Damit ist der Satz bewiesen.   □

(Frage: Warum sind beide Faktoren sogar > 2?)

Und nun die entscheidende zweite Beobachtung:

Satz 4.2.2 *Ist $n = p$ eine Primzahl > 3, dann ist $2^{v(p)} = 2 \bmod v(p)$, obwohl $v(p)$ keine Primzahl ist.*

Damit ist gezeigt, dass unsere Hypothese falsch ist! Wir wollen uns das kleinste dieser $v(p)$ anschauen: $v(5) = \frac{1}{3} \cdot (4^5 - 1) = 341 = 11 \cdot 31$ ist keine Primzahl. Aber: $2^{341} = (2^{31})^{11} = 2^{31} = (2^{10})^3 \cdot 2 = 2 \bmod 11$ und $2^{341} = (2^{11})^{31} = 2^{11} = 2 \bmod 31$. Dabei haben wir insgesamt dreimal den kleinen Fermat verwendet. Da 31 und 11 teilerfremd sind, folgt die Behauptung. (Natürlich kann man das auch sehr schnell mit PotenzmodP nachrechnen.) In der Tat ist $n = 341$ die kleinste zusammengesetzte Zahl mit $2^n = 2 \bmod n$.

Beweis des Satzes: Nach Fermat ist $2^p = 2 \bmod p$. Da p ungerade ist, ist sogar $2^p = 2 \bmod 2p$. Daraus folgt:

$$2^p - 1 = 1 \bmod 2p \quad \text{und, weil } p \neq 3, \quad \frac{2^p + 1}{3} = 1 \bmod 2p.$$

Also ist $v(p) = 1 \bmod 2p$. Da $3 \cdot v(p) = 2^{2p} - 1$ ist, ergibt sich:

$$2^{2p} = 1 \bmod v(p)$$

Schreiben wir $v(p) = 1 + 2pk(k \in \mathbb{N})$, so erhalten wir $2^{v(p)} = 2 \cdot (2^{2p})^k = 2 \cdot 1^k = 2 \bmod v(p)$, die Behauptung. Wir können sie auch so formulieren:

Wenn $p > 3$ eine Primzahl ist, so ist $v(p) = \dfrac{4^p - 1}{3}$ eine Pseudoprimzahl.   □

Definition 4.1 (vorläufig) Zusammengesetzte Zahlen n mit $2^n = 2 \bmod n$ heißen Pseudoprimzahlen.

Übung: Untersuche $v(p)$ für $p = 7, 11, 13$. (Faktorzerlegung? Potenz-modP, Nachrechnen „zu Fuß"?). Da es unendlich viele Primzahlen gibt, zeigt unser zuletzt bewiesener Satz, dass sogar unendlich viele zusammengesetzte Zahlen existieren mit $2^n = 2 \bmod n$. Wenn n ungerade ist, dann sind $2^n = 2 \bmod n$ und $2^{n-1} = 1 \bmod n$ übrigens äquivalent.

Bemerkung 4.2.3 341 *ist die kleinste Pseudoprimzahl. Es gibt unendlich viele Pseudoprimzahlen.*

Aufgaben:

277. (a) Bestätige, dass 561 und 645 Pseudoprimzahlen sind. Man benutze einmal PotenzmodP, und zum anderen benutze man die Primfaktor-zerlegung von n mit geschickter Anwendung des kleinen Fermat.

     (b) Man überzeuge sich mit Hilfe von PotenzmodP, dass 341, 561 und 645 die einzigen Pseudoprimzahlen bis 1000 sind. Bis 10000 gibt es insgesamt 22 Pseudoprimzahlen (und 1229 Primzahlen), bis 100000 sind es 78 und bis 1000000 immerhin schon 245.

Es gibt „viel mehr" Primzahlen als Pseudoprimzahlen, wie folgende Tabelle zeigt:

N	Zahl der unge-raden PsP $\le N$	Zahl der ungera-den Primzahlen $\le N$
10^3	3	167
10^4	22	1228
10^5	78	9591
10^6	245	78497
10^7	750	664578
10^8	2057	5761454
10^9	5597	50847533
10^{10}	14885	455052510

278. (a) Weise nach, dass 4369 und 4371 Pseudoprimzahlen sind. (Es sind die einzigen PsP-Zwillinge bis $25 \cdot 10^9$).

(b) Bestätige, dass 1105 die kleinste Pseudoprimzahl über 1000 ist. Finde weitere PsP.

279. Die wenigen PsP, welche wir bisher kennengelernt haben, waren alle ungerade. Tatsächlich sind sogar alle Pseudoprimzahlen bis 100000 ungerade. Natürlich müssen wir mit einer Vermutung der Art „Alle Pseudoprimzahlen sind ungerade" vorsichtig sein. Aber erst im Jahre 1950 hat der Amerikaner D. H. Lehmer (ein Spezialist auf diesem Gebiet) eine gerade Pseudoprimzahl entdeckt: 161038. Die Entdeckung war schwierig, wesentlich einfacher ist dagegen der Nachweis, dass diese Zahl pseudoprim ist:

(a) Zerlege 161038 in seine (drei) Primfaktoren.

(b) Zeige: $2^{161038} = 2 \mod 161038$. Bereits 1951 hat Beeger gezeigt, dass es sogar unendlich viele gerade Pseudoprimzahlen gibt. (On even numbers dividing $2^m - 2$, Am. Math. Monthly 58 (1951), 553-555).

(c) Warum ist eine Pseudoprimzahl mit $2^{n-1} = 1 \mod n$ immer ungerade?

(d) Noch lange Zeit nach 1951 war 161038 die einzige gerade Pseudoprimzahl mit drei Primfaktoren. Rotkiewicz hat (trotzdem) vermutet, es gebe unendlich viele solche PsP. Immerhin konnte kürzlich McDaniel (Some Pseudoprimes and Related Numbers Having Special Form, Math. Comp. 53 (1989), 407-409) zwei weitere gerade PsP mit genau drei Primfaktoren finden: $2 \cdot 178481 \cdot 154565233$ und $2 \cdot 1087 \cdot 164511353$. Versuche, die Pseudoprimzahleigenschaft nachzuweisen (Hinweis: $2^{23} = 1 \mod 178481$, $2^{1119} = 1 \mod 154565233$, $2^{543} = 1 \mod 1087$, $2^{41} = 1 \mod 164511353$.)

(e) Eine andere schwierige Frage ist die nach PsP von spezieller Gestalt. Gibt es zum Beispiel PsP der Form $2^n - 2$? Man teste dies speziell für $n = 2, \ldots, 21, \ldots$, soweit es eben der Rechner tut. (Auch diese Frage hat McDaniel in der o.g. Arbeit positiv beantwortet. Er vermutet dass „sein" $2^{465794} - 2$ die kleinste derartige Pseudoprimzahl ist. Wer macht sich auf die Suche nach einer kleineren, oder wer kann diese Vermutung beweisen?)

Obwohl $2^n = 2 \mod n$ also leider nicht nur für Primzahlen richtig ist, erhält man doch zusammen mit einer Liste von Pseudoprimzahlen – etwa bis 100000 – einen brauchbaren Primzahltest (für Zahlen bis 100000).
PRIMZAHLTEST

Schritt 0: Ist $n > 2$ eine gerade Zahl, dann ist n keine Primzahl.

Schritt 1: Ist $2^n \neq 2 \bmod n$, dann ist n keine Primzahl.

Schritt 2: Andernfalls schaut man nach, ob n in der Liste der (ungeraden) Pseudoprimzahlen vorkommt. Ist dies so, dann ist n zusammengesetzt. Andernfalls ist n prim.

Hier eine Liste der Pseudoprimzahlen bis 100000:

Pseudoprimzahlen bis 100000					
341	561	645	1105	1387	1729
1905	2047	2465	2701	2821	3277
4033	4369	4371	4681	5461	6601
7957	8321	8481	8911	10261	10585
11305	12801	13741	13747	13981	14491
15709	15841	16705	18705	18721	19951
23001	23377	25761	29341	30121	30889
31417	31609	31621	33153	34945	35333
39865	41041	41665	42799	46657	49141
49981	52633	55245	57421	60701	60787
62745	63973	65077	65281	68101	72885
74665	75361	80581	83333	83665	85489
87249	88357	88561	90751	91001	93961

Da es wesentlich weniger PsP gibt als Primzahlen und der „FERMAT-TEST" mit unserem PotenzmodP relativ einfach ist (für nicht zu große n), kann man diese Methode zur Bestimmung von Primzahlen als recht brauchbar bezeichnen. (Lehmer hat bereits 1936 eine Liste von ungeraden PsP bis 200000000 erstellt.) Dabei bedeutet „wesentlich weniger", dass

$$\lim_{x \to \infty} \frac{\text{Anzahl der Pseudoprimzahlen} < x}{\text{Anzahl der Primzahlen} < x} = 0.$$

Aufgaben:

280. In dieser Aufgabe wollen wir die Frage untersuchen, ob es unter den Pseudoprimzahlen Quadratzahlen gibt.

   (a) Begründe zunächst: Ist $2^n = 2 \bmod n^2$, dann ist n^2 pseudoprim.

(b) Zeige (auf deinem Computer), dass $n = 1093$ die in 280a genannte Eigenschaft hat. 1093 ist sogar eine Primzahl. (Vgl. W. Meissner, Über die Teilbarkeit von $2^p - 2$ durch das Quadrat der Primzahl $p = 1093$, Sber. Akad. Wiss., Berlin 1913 (663-667)). H. D. Lehmer, wir haben ihn schon öfter genannt, suchte und fand bis 6000000000 nur noch eine weitere Primzahl p mit $2^p = 2 \bmod p^2$, und zwar $p = 3511$.

(c) Berechne jetzt zwei pseudoprime Quadratzahlen.

Es ist ein offenes Problem, ob es unendlich viele pseudoprime Quadratzahlen gibt. Äquivalent dazu ist die (ebenfalls ungelöste) Frage, ob es unendlich viele Primzahlen p mit $2^p = 2 \bmod p^2$ gibt. Paulo Ribenboim hat in der Zeitschrift „The Mathematical Intelligencer 1983", Heft 2, Seite 28–34, einen sehr lesenswerten Übersichtsartikel mit dem Titel „1093" geschrieben. Er zeigt dort, wie in vielfältiger Weise dieses zunächst singuläre Problem mit vielen zentralen Rätseln der natürlichen Zahlen zusammenhängt.

Zum Schluss dazu folgendes tiefliegende und wichtige Ergebnis von Wieferich : Ist $p > 2$ eine Primzahl, für die die Gleichung $x^p + y^p = z^p$ eine „nichttriviale" Lösung besitzt (was ist denn wohl eine triviale Lösung?) derart, dass p kein Teiler von $x \cdot y \cdot z$ ist, dann gilt: $2^p = 2 \bmod p^2$.
(1. Fall der Großen Fermat-Vermutung. Die genannten Primzahlen nennt man auch Wieferich-Zahlen.)

Wir behandeln jetzt noch eine bekannte und wichtige Klasse von Pseudoprimzahlen, die (früher schon behandelten) zusammengesetzten Mersenne–Zahlen $2^n - 1$. Wenn n keine Primzahl ist, dann ist auch $2^n - 1$ keine Primzahl. Wir erinnern noch einmal an die Definition der Mersenne-Zahlen: Zahlen der Form $2^p - 1$, wobei p eine Primzahl ist, heißen Mersenne-Zahlen $M_p = 2^p - 1$. Mersenne-Zahlen können prim (M_2, M_3, M_5) oder zusammengesetzt ($M_{11} = 23 \cdot 89$) sein. Es gilt jedoch:

Satz 4.2.4 *Alle zusammengesetzen Mersenne-Zahlen sind pseudoprim.*

Beweis: Offensichtlich ist $2^p = 1 \bmod (2^p - 1)$ und da p prim ist, ist p Teiler von $2^p - 2$. Dann folgt:

$$(2^p)^{\frac{(2^p - 2)}{p}} = 1 \bmod (2^p - 1)$$
$$\text{also} \quad 2^{2^p - 1} = 2 \bmod (2^p - 1)$$

Das bedeutet aber, dass M_p Pseudoprimzahl ist.   □

Zwei offene Probleme:

- Gibt es unendliche viele prime Mersenne-Zahlen?

- Gibt es unendlich viele zusammengesetzte Mersenne-Zahlen?

Die größte (bis April 1996) bekannte Mersenne-Primzahl ist M_{756839} (David Slowinski und Paul Gage 1992). Sie ist zugleich auch die größte bekannte Primzahl. Die größte bekannte zusammengesetzte Mersenne-Zahl ist M_q mit $q = 39051 \cdot 2^{6001} - 1$. Dabei ist q die größte bekannte Sophie-Germain-Primzahl (Abschnitt 3.4 auf Seite 136).

Aufgaben:

281. Beweise: Ist n eine Pseudoprimzahl, dann ist auch $2^n - 1$ eine (größere) PsP. Damit haben wir eine neue Methode zur Erzeugung von unendlich vielen PsP. Man lese noch einmal auf Seite 81 nach, was Mersenne-Zahlen mit „Vollkommenheit" und „Freundschaft" zu tun haben.

282. Jetzt folgen zwei schwere Aufgaben – und ungelöste Probleme.

    (a) (Bundeswettbewerb Mathematik 1985, 2. Runde, 1. Aufgabe) Zeige, dass keine der Zahlen $2^n - 1$ eine Quadratzahl, Kubikzahl oder höhere Potenz einer natürlichen Zahl sein kann. Es ist unbekannt, ob jede Mersenne-Zahl $2^p - 1$ (p prim) quadratfrei ist. (Untersuche die ersten Mersenne-Zahlen daraufhin.)

    (b) Man kann nach Rotkiewicz folgendes zeigen: p sei Teiler einer Mersenne-Zahl M_q. Dann ist p^2 genau dann Teiler von M_q, wenn $2^p = 2 \bmod p^2$ gilt (vgl. Aufgabe 280). Versuche dafür einen Beweis zu finden. (Hinweis: Dem Schluss von „p teilt M_q und p^2 teilt $2^{p-1} - 1$" auf „p^2 teilt M_q" liegt eine etwas allgemeinere und sehr technische Aussage („De Leon's Lemma") zugrunde, das aber bisweilen auch anderswo ganz nützlich sein kann: p sei eine Primzahl, p teile $a^m - 1$ und p^2 teile $a^{p-1} - 1$. Dann ist sogar p^2 ein Teiler von $a^m - 1$. Beweise zuerst dies. Beginne mit „$r := \mathrm{ord}_p(a)$ teilt m und $p - 1$".)

283. Schon früher haben wir die Fermatzahlen $F_n = 2^{2^n} + 1$ untersucht. Weise nach, dass alle zusammengesetzten Fermatzahlen pseudoprim sind. (Hinweis: $n + 1 < 2^n$ für $n > 1$.)

4.3 Pseudoprimzahlen zur Basis a und Carmichael-Zahlen

Wir erinnern uns an die Definition einer Pseudoprimzahl. Das war eine zusammengesetzte Zahl n, für die 2^n bei Division durch n den Rest 2 lässt. 341 ist die kleinste Pseudoprimzahl. Es liegt nahe, die Reste für eine andere Basis $a > 2$ zu untersuchen. Zum Beispiel berechnet man mit PotenzmodP $3^{341} = 168 \bmod 341$. Schon deswegen kann 341 keine Primzahl sein (warum? na klar..., „Kleiner Fermat"). Bei der Suche nach zusammengesetzten Zahlen n mit $3^n = 3 \bmod n$ wird man mit $3^6 = 3 \bmod 6$ schon sehr früh fündig. Auch wenn man verlangt, dass n nicht durch 3 teilbar sein soll, braucht man nicht allzulange suchen: $3^{91} = 3 \bmod 91$.

Definition 4.2[vorläufig] Eine zusammengesetzte Zahl n mit $3^n = 3 \bmod n$ heißt eine Pseudoprimzahl zur Basis 3.

Wenn 3 kein Teiler von n ist, dann ist diese Bedingung äquivalent zu $3^{n-1} = 1 \bmod n$. Dies wollen wir (wie in der Literatur üblich) als Definition für Pseudoprimzahlen zur Basis a zugrunde legen.

Definition 4.3[endgültig] Ist a eine natürliche Zahl verschieden von 1, und n eine zusammengesetzte, zu a teilerfremde natürliche Zahl. n heißt Pseudoprimzahl zur Basis a, wenn $a^{n-1} = 1 \bmod n$.

In diesem Sinne sind dann unsere bisherigen ungeraden Pseudoprimzahlen jetzt Pseudoprimzahlen zur Basis 2. Beispielsweise ist 341 Pseudoprimzahl zur Basis 2, nicht aber zur Basis 3.

Aufgabe: Gib selber ein Beispiel einer Pseudoprimzahl zur Basis 5 an.

Das könnte uns auf eine Idee bringen zum Testen von Primzahlen:

Vermutung: Ist n Pseudoprimzahl zur Basis 2, dann ist n keine Pseudoprimzahl zur Basis 3 - oder schwächer: n ist keine PsP wenigstens zu irgend einer Basis $a > 2$. Im ersten Fall hätte man dann sogar einen sehr einfachen Primzahltest. Doch leider ist auch der schwächere Teil dieser Vermutung falsch! Dazu erinnern wir uns daran, dass wir in einer früheren Aufgabe für die Pseudoprimzahl (zur Basis 2) 561 geschickt $2^{561} = 2 \bmod 561$ nachgewiesen haben. Schaut man sich den Beweis genauer an, so erkennt man, dass er unabhängig von der Basis geführt werden kann: $a^{561} = (a^{187})^3 = a^{187} = a \cdot (a^{93})^2 = a \bmod 3$ und analog $a^{561} = a \bmod 11$ und $a^{561} = a \bmod 17$. Insgesamt bedeutet dies aber, dass für alle natürlichen a gilt: $a^{561} = a \bmod 561$. Insbesondere ist für alle zu

561 teilerfremden Basen a auch $a^{560} = 1 \bmod 561$. Also ist 561 Pseudo-primzahl für jede Basis.

Definition 4.4 Eine zusammengesetzte Zahl n heißt Carmichael-Zahl, wenn für alle zu n teilerfremden Basen a gilt: $a^{n-1} = 1 \bmod n$.

Hier eine Liste der sechzehn Carmichael-Zahlen bis 100000:

561	1105	1729	2465	2821	6601	8911	10585
15841	29341	41041	46657	52633	62745	63973	75361

284. Bestimme die Faktorzerlegungen dieser Zahlen und weise von einigen nach, dass sie Carmichael-Zahlen sind.

Anmerkung: Die (bis vor kurzem) größte bekannte Carmichael-Zahl ist $(6m+1) \cdot (12m+1) \cdot (18m+1)$, wobei $m = 5 \cdot 7 \cdot 11 \cdot 13 \cdot \ldots \cdot 397 \cdot 882603 \cdot 10^{185}$ Diese Zahl hat in Dezimalschreibweise 1057 Stellen.

Lange Zeit war es ein offenes Problem: Gibt es unendlich viele Carmichael–Zahlen? Kürzlich haben W.R.Alford, Andrew Granville und Carl Pomerance bewiesen: Ës gibt unendlich viele Carmichael-Zahlen."

Aufgaben:

285. Für jedes a gibt es unendlich viele Pseudoprimzahlen zur Basis a. (Anleitung: $v_p = (a^{2p} - 1) : (a^2 - 1)$, wobei p kein Teiler von $a(a^2 - 1)$ ist. Auf Seite 157 haben wir den Beweis für $a = 2$ durchgeführt.)

286. Ist die Mersenne-Zahl M_{11} eine Pseudoprimzahl zur Basis $2(3, 5, 7)$?

287. $p = 6m + 1$, $q = 12m + 1$, $r = 18m + 1$ seien drei Primzahlen. Dann ist $p \cdot q \cdot r$ eine Carmichael-Zahl. Gib mit dieser Methode einige Carmichael-Zahlen an. Kann man damit denn nicht folgern, dass es unendlich viele Carmichael-Zahlen gibt? Wo wird die Schwierigkeit liegen?

288. Weise nach, dass 101101 CM-Zahl ist.

289. (a) Eine quadratfreie zusammengesetzte Zahl N habe nur Primteiler p, derart dass $p - 1$ ein Teiler von $N - 1$ ist. Beweise, dass dann N eine Carmichael-Zahl ist. (Es gilt auch der Kehrsatz, der aber etwas schwieriger zu beweisen ist. Siehe das Ende dieses Kapitels.)

(b) Untersuche die Zahl $6^6 + 1$.

(c) Untersuche einige weitere Zahlen $n^n + 1$ (auf CM, Primalität).

Die angeführte Methode in Aufgabe 287 zur Erzeugung von Carmichael-Zahlen ist die bekannteste und wichtigste.

Dubner (von dem schon die oben genannte 1057stellige Carmichael-Zahl stammt,) hat eine verfeinerte Methode vorgeschlagen und damit eine 3710stellige Carmichael-Zahl gewonnen: (Dubner, H., A New Method for Producing Large Carmichael Numbers, Math. Comp. 53 (1989), 411 - 414.)

G. Jaeschke vom IBM Scientific Center in Heidelberg hat 1989/90 einen Algorithmus zur Bestimmung aller Carmichael(CM)-Zahlen mit einer bestimmten vorgegebenen Anzahl von Primfaktoren entwickelt (vgl. Math. Comp. 55 (1990), 383-389). Danach gibt es bis 10^{12} 1000 CM-Zahlen mit 3 Primfaktoren, 2102 CM-Zahlen mit 4, 3156 mit 5, 1713 mit 6, 260 mit 7, 7 mit 8 und keine CM-Zahl mit mehr als 8 Primfaktoren.

4.4 Ein probabilistischer Primzahltest

Wir wollen auf eine große ungerade Zahl n den „Fermat-Test" mit einer zufällig gewählten Basis b, teilerfremd zu n, anwenden. Welche Chance haben wir, dass n den Test nicht besteht (schlage weiter vorne nach, was das heißt)? Nun, wenn n eine Primzahl oder eine Carmichael-Zahl ist, so ist unsere Chance gleich Null. Und was ist, wenn n keine Carmichael-Zahl ist, wenn es also eine zu n teilerfremde Basis b_0 gibt, so dass $b_0^{n-1} \neq 1 \bmod n$ ist? Kann man dann damit rechnen, dass es noch weitere Basen gibt, für die n den Fermat-Test nicht besteht? Hier gleich die Antwort:

Bemerkung: Wenn eine zusammengesetzte Zahl n keine Carmichael-Zahl ist, dann besteht n den Fermat-Test nicht mit mindestens 50 % aller möglichen zu n teilerfremden Basen zwischen 1 und n.

Beispiel: $n = 341 = 11 \cdot 31$ besteht den Fermat-Test nicht für $b = 3$, also für mindestens die Hälfte aller Basen b, die nicht Vielfaches von 31 oder von 11 sind. Da es zwischen 1 und 340 insgesamt $30 + 10 = 40$ Vielfache von 11 oder 31 gibt, ist 341 also keine Pseudoprimzahl für mindestens $\frac{340-40}{2} = 150$ Basen. Warum ist das so? Hier der „Beweis": Zur Einstandsfeier unseres neuen Chefs kamen 300 Personen. Jede Frau kam mit ihrem Ehemann. Also waren mindestens 150 Männer anwesend!

Das war's - oder will es jemand genauer wissen? Nun denn: 3 ist eine Basis, für die 341 keine Pseudoprimzahl ist. Ist nun b irgendeine Basis, für die 341 Pseudoprimzahl ist, dann ist $3b$ keine Basis, für die 341 Pseudo-primzahl ist. Zu jeder solchen „zulässigen" Basis b ist also $3b$ „unzulässig". Da 3 und 341 teilerfremd sind, kann man auf diese Art und Weise zu jeder zulässigen Basis eine unzulässige finden. Sind zwei „zulässige" Basen verschieden, so auch die zugehörigen „unzulässigen". Es gibt mindestens so viele unzulässige Basen wie zulässige, was zu beweisen war. Selbstverständlich kann man diesen Schluss für eine beliebige Zahl n durchführen, die weder prim noch Carmichael-Zahl ist.

Also, die Wahrscheinlichkeit, dass für eine zusammengesetzte Nicht-Carmichael-Zahl n eine zufällig gewählte zu n teilerfremde Basis b unzulässig (in obigem Sinne ist), ist mindestens $\frac{1}{2}$. Somit ist die Wahrscheinlichkeit, dass für eine zusammengesetzte Nicht-Carmichael-Zahl n und k zufällig gewählte, zu n teilerfremde Basen $b_1, b_2, \ldots, b_k$ gilt: $b_i^{n-1} = 1 \bmod n$ $(i = 1, \ldots, k)$, also höchstens $\frac{1}{2^k}$. Ist umgekehrt $b_i^{n-1} = 1 \bmod n$ für k zu n teilerfremde $b_1, \ldots, b_k$, so ist die Wahrscheinlichkeit dafür, dass n eine zusammengesetzte Nicht-Carmichael-Zahl ist, höchstens $\frac{1}{2^k}$, was wiederum bedeutet, dass n mit einer Wahrscheinlichkeit von mindestens $1 - \frac{1}{2^k}$ Prim- oder Carmichael-Zahl ist.

Die nächste Aufgabe soll zeigen, dass es tatsächlich vorkommen kann, dass der Fermat-Test für 50 % der möglichen Basen schiefgeht.

Aufgaben:

290. n sei das Produkt zweier verschiedener Primzahlen: $n = pq$, $d = \text{ggT}(p - 1, q - 1)$, b und n sollen teilerfremd sein.

   (a) Folgere aus $b^d = 1 \bmod n$, dass n Pseudoprimzahl zur Basis b ist. (Hinweis: $pq - 1 = (pq - p) + (p - 1)$.)

   (b) Schließe umgekehrt aus $b^{n-1} = 1 \bmod n$, dass $b^d = 1 \bmod n$ ist. (Gehe schrittweise wie folgt vor: $b^{p-1} = 1 \bmod q$, $b^{q-1} = 1 \bmod p$ (!), $d = x(p - 1) + y(q - 1)$ mit gewissen ganzen x, y; $b^d = 1 \bmod p$. Analog dann alles für q und daraus die Behauptung.)

291. Nun wähle $n = 91$.

   (a) Begründe: $b^{90} = 1 \bmod 91$ genau dann, wenn $b^6 = 1 \bmod 91$. Dies wiederum genau dann, wenn $b^6 = 1 \bmod 7$ und $b^6 = 1 \bmod 13$.

   (b) Bestimme alle Lösungen von $b^6 = 1 \bmod 7$ und $b^6 = 1 \bmod 13$. Folgere mit dem chinesischen Restsatz, dass es $6^2 = 36$ Lösungen von $b^6 = 1 \bmod 91$ gibt.

(c) Rechne nach, dass es 72 zu 91 teilerfremde Zahlen unter 91 gibt. Fasse zusammen, was wir bewiesen haben!

292. Berechne die genaue Wahrscheinlichkeit dafür, dass 341 Pseudoprimzahl für ein zufällig gewähltes $b < 341$ ($\mathrm{ggT}(b, 341) = 1$) als Basis ist. (Schließt man wie in Aufgabe 290, so muss man sich endlich überlegen, wie viele Lösungen $b^{10} = 1 \bmod 341$ hat. Verwende dazu, dass 2 Primitivwurzel mod 11 und 3 mod 31 ist.)

293. p und $q = 2p + 1$ seien Primzahlen („Sophie-Germain"). Bestimme alle Basen b, für die pq Pseudoprimzahl ist. Rechne einige Beispiele nach. Allgemeiner kann man folgendes zeigen: Unter den Voraussetzungen von Aufgabe 290 gibt es genau d^2 Basen, für die $n = pq$ Pseudoprimzahl ist. Dazu muss man die Anzahl der Lösungen von $b^d = 1 \bmod pq$ bestimmen. Man zeigt:

(a) $b^d = 1 \bmod p$, $b^d = 1 \bmod q$ haben je d Lösungen,

(b) $b^d = 1 \bmod pq$ hat d^2 verschiedene Lösungen (chinesischer Restsatz!).

294. Bestimme alle natürlichen Zahlen $n = pq$, die Pseudoprimzahlen für genau 50 % (zu n teilerfremden) Basen $< n$ sind.

4.5 Primzahltest von Miller und Rabin – Starke Pseudoprimzahlen

In diesem Abschnitt folgen wir sehr eng der exzellenten Darstellung von Bressoud. Das Buch empfehlen wir sehr denjenigen, die über die ersten Anfänge hinaus sind.

Der Abschnitt über Carmichael-Zahlen zeigte uns, dass wir mit dem Fermat–Test niemals Gewissheit haben können, dass eine Zahl Primzahl ist: es gibt Zahlen (eben die Carmichael-Zahlen), die für alle Testbasen den Fermat–Test bestehen. Wir brauchen einen stärkeren Test. Eine ungerade Zahl n möge den Fermat–Test zur Basis b bestehen. Dabei sei $\mathrm{ggT}(b, n) = 1$. Dann ist n ein Teiler von $b^{n-1} - 1$. Da n ungerade ist, schreiben wir $n = 2m+1$. n teilt also das Produkt $b^{2m}-1 = (b^m-1)(b^m+1)$. Wäre n nun wirklich eine Primzahl, so müsste n genau einen der beiden Faktoren auf der rechten Seite teilen (würde nämlich n alle zwei Faktoren teilen, so auch deren Differenz 2. Aber n ist ungerade).

Nun denn: Ist n tatsächlich prim, so folgt also entweder $b^m = 1$ oder $b^m = -1$ mod n.

Ist n dagegen keine Primzahl, so können durchaus einige Faktoren von n Teiler von $b^m - 1$ und andere von $b^m + 1$ sein. In diesem Fall hätte zwar n den Fermat-Test zur Basis b bestanden, aber wir hätten b^m nicht kongruent 1 und $b^m \neq -1$ mod n. Beispiel: Basis $b = 2, n = 341 = 11 \cdot 31$. Wir wissen, dass 341 Pseudoprimzahl zur Basis 2 ist: $2^{340} = 1$ mod 341. Ferner ist $2^{170} = 1$ mod 341 ($m = 170$), und es schaut immer noch so aus, als wäre 341 Primzahl. Doch dann müsste $2^{85} = \pm 1$ mod 341 sein. Tatsächlich ist aber $2^{85} = 32$ mod 341. Also zeigt sich wieder, dass 341 eine zusammengesetzte Zahl sein muss. Tatsächlich ist 11 Teiler von $2^{85} + 1$ und 31 Teiler von $2^{85} - 1$ (also $2^{170} = 1$ mod 341). Allgemein: Ist $n - 1 = 2^a \cdot t$, t ungerade, $a \geq 1$. b sei eine natürliche, zu n teilerfremde ganze Zahl (z. B. 2), dann gilt:

$$(*) \quad b^{n-1} - 1 = (b^t - 1) \cdot (b^t + 1) \cdot \ldots \cdot (b^{2^{a-1}t} + 1).$$

Falls n eine Primzahl ist, wäre n Teiler von einem der Faktoren auf der rechten Seite, d.h. $b^t = 1$ oder $b^{2^i \cdot t} = -1$ mod n für ein i zwischen 0 und $a - 1$. Die Umkehrung motiviert jetzt folgende

Definition 4.5 Eine ungerade Zahl n heißt **starke Pseudoprimzahl** zur Basis (modulo) b, wenn n zusammengesetzt, teilerfremd zu b ist und einen der Faktoren auf der rechten Seite von (*) teilt.

Offenbar ist jede starke Pseudoprimzahl zur Basis b auch Pseudoprimzahl zur Basis b (warum ist dies offensichtlich?). Wenn wir nun untersuchen wollen, ob es überhaupt – etwa zur Basis 2 – starke Pseudoprimzahlen gibt, so müssen wir unter den Pseudoprimzahlen (zur Basis 2) suchen.

295. Schreibe ein Programm, welches natürliche Zahlen daraufhin testet, ob sie starke Pseudoprimzahlen (zur Basis $b = 2$ oder $b = \ldots$) sind.

296. $n = 645$ und $n = 2047$ sind Pseudoprimzahlen. Untersuche beide Zahlen auf starke Pseudoprimalität zur Basis 2.

Aufgabe 296 zeigt uns, dass es tatsächlich starke Pseudoprimzahlen (zur Basis 2) gibt: 2047 ist die erste zur Basis 2.

Es ist $2047 = 23 \cdot 89$ und

$$2^{2046} - 1 =$$
$$(2^{1023} - 1)(2^{1023} + 1) = (2^{11} - 1) \cdot (2^{11} + 1)$$
$$= 2047 \cdot 2049 = 0 \text{ mod } 2047.$$

In dem berühmten, hier oft erwähnten Buch von Ribenboim findet man für die Anzahlen $P_2(x)$, $S_2(x)$ und $C(x)$ der Pseudoprimzahlen (zur Basis 2) bzw. der starken Pseudoprimzahlen (Basis 2) bzw. der Carmichael-Zahlen $< x$ die Tabelle:

x	$P_2(x)$	$S_2(x)$	$C(x)$
10^3	3	0	1
10^4	22	5	7
10^5	78	16	16
10^6	245	46	43
10^7	750	162	105
10^8	2057	488	255
10^9	5597	1282	646
10^{10}	14884	3291	1547
$25 \cdot 10^9$	21853	4842	2163

Die starken Pseudoprimzahlen sind deutlich seltener als die Pseudoprimzahlen. Man hat folgendes Mengendiagramm. Die Zahl in eckigen Klammern gibt jeweils an, welches die kleinste Zahl in der betreffenden Menge ist:

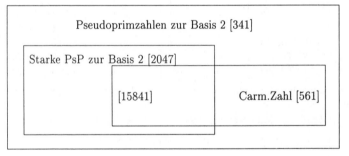

Pseudoprimzahlen zur Basis 2 [341]

Starke PsP zur Basis 2 [2047]

[15841]   Carm.Zahl [561]

Beachte: 15841 ist die kleinste Zahl, die zugleich starke Psp zur Basis 2 und Carmichael–Zahl ist.

297. Teste, ob 1373653 starke Pseudoprimzahl zur Basis 2 $(3,5)$ ist.

298. Hier sind die ersten Carmichael-Zahlen bis 15841: 561, 1105, 1729, 2465, 2821, 6601, 8911, 10585, 15841. *spsp(b)* bedeutet: Starke Pseudoprimzahl zur Basis b.

    (a) Zerlege alle diese Zahlen in Primfaktoren (jede besitzt einen Faktor ≤ 7) und weise die Carmichaeleigenschaft nach.

    (b) Rechne nach, dass keine der Carmichael-Zahlen < 15841 starke Pseudoprimzahl zu Basis 2 ist.

299. (a) Bestätige: 65 ist $spsp(8)$ und $spsp(18)$, aber nicht $spsp(14)$, wobei $14 = 8 \cdot 18$ mod 65.

(b) Beweise: $n = 1069 \cdot 2137$ ist $spsp(2)$ und $spsp(7)$, aber nicht $spsp(14)$.

C. Pomerance, J.L. Selfridge und S. Wagstaff haben in „The Pseudoprimes to $25 \cdot 10^9$", Math. of Comp 35 (1980), 1003–1026, alle dreizehn zu den Basen 2, 3 und 5 starken Pseudoprimzahlen angegeben (n heißt „nein, keine ... "):

	Zahl	psp(7)	psp(11)	psp(13)	CM	Faktorzerlegung
A	25326001	n	n	n	n	$2251 \cdot 11251$
B	161304001	n	spsp	n	n	$7333 \cdot 21997$
C	960946321	n	n	n	n	$11717 \cdot 82013$
D	1157839381	n	n	n	n	$24061 \cdot 48121$
E	3215031751	spsp	psp	psp	j	$151 \cdot 751 \cdot 28351$
F	3697278427	n	n	n	n	$30403 \cdot 121609$
G	5764643587	n	n	spsp	n	$37963 \cdot 151849$
H	6770862367	n	n	n	n	$41143 \cdot 164569$
I	14386156093	psp	psp	psp	j	$397 \cdot 4357 \cdot 8317$
J	15579919981	psp	spsp	n	n	$88261 \cdot 176521$
K	18459366157	n	n	n	n	$67933 \cdot 271729$
L	19887974881	psp	n	n	n	$81421 \cdot 244261$
M	21276028621	n	psp	spsp	n	$103141 \cdot 206281$

Nun kann man für Zahlen bis $25 \cdot 10^9$ entscheiden, ob sie prim sind oder nicht.

Algorithmus: Man testet zuerst, ob x starke Pseudoprimzahl

1. zur Basis 2 (wenn nein: x ist zusammengesetzt),

2. zur Basis 3 (wenn nein: x ist zusammengesetzt),

3. zur Basis 5 (wenn nein: x ist zusammengesetzt).

Dann schaut man nach, ob die fragliche Zahl x sich unter den dreizehn der obigen Tabelle befindet. Wenn dies der Fall ist, dann ist x zusammengesetzt, andernfalls ist x prim.

Aufgaben:

300. Überprüfe, dass die Zahlen in obiger Tabelle alle von der Form $(k + 1) \cdot (rk + 1)$ sind, wobei r eine kleine positive Zahl und $k + 1$ eine Primzahl ist. Es scheint nicht bekannt zu sein, ob dies allgemein richtig ist.

Zur Basis 2 gibt es unendlich viele starke Pseudoprimzahlen, wie folgende Aufgabe zeigen soll:

301. (a) Zeige: Ist n eine $psp(2)$, dann ist $2^n - 1$ eine $spsp(2)$. (Hinweis: Folgere aus $2^{n-1} - 1 = 0 \bmod n$ und $2^n = 1 \bmod 2^n - 1$, dass $2^{2^{n-1}-1} = 1 \bmod 2^n - 1$ ist.... Wo haben wir diesen wichtigen Schluss schon früher benutzt?)

   (b) Wie folgt, dass es unendlich viele spsp(2) gibt?

   (c) Wieso versagt der „spsp(2)-Test" bei allen Mersenne-Zahlen?

302. Zeige: Zusammengesetzte Fermatzahlen sind $spsp(2)$.

303. Zeige, dass $z_8 = \frac{10^8 - 7}{3} = 33333331$ eine Primzahl ist.

Man beachte, dass es bis $25 \cdot 10^9$ nur eine einzige starke Pseudoprimzahl zu den vier Basen $2, 3, 5$ und 7 gibt. Diese Zahl ist auch Carmichael-Zahl, so dass sie mit dem negativen Fermat-Test nicht entlarvt werden kann. Wohl aber ist diese Zahl keine $spsp(11)$. Man kann die Primalität einer Zahl n mit „fast 100 % Sicherheit" auch wie folgt testen: Zuerst prüft man, ob n durch eine der Primzahlen (sagen wir) bis 100 teilbar ist. Wenn nicht, dann testet man n auf „starke Pseudoprimalität" zu allen Primbasen bis 100. Besteht n all diese Tests, so kann man „fast sicher " sein, dass n prim ist. Was dieses „fast" genauer heißt, wollen wir im nächsten Abschnitt beschreiben. Doch vorher zitieren wir noch aus dem Benutzerhandbuch eines Computerprogramms zur Zahlentheorie . Dort wird der dem Primzahltest zugrunde liegende Algorithmus wie folgt beschrieben:

„Our primality test (...) is a probabilistic one and should really be called a compositeness test. The answers have to be taken with care when the integer n is very large. A positive integer n ist testet for primality by using witness to the compositeness of n (or the concept of strong base a pseudoprimes). An odd composite number N with $N-1 = 2^t \cdot d$, d odd, is called a strong pseudoprime to base a if either $a^d = 1 \bmod N$ or $a^{d \cdot 2^s} = -1 \bmod N$ for some $s = 0, 1, \ldots, t-1$. The ...test checks whether n is a strong pseudoprime to the bases $2, 3, 5, \ldots$. If sufficiently many bases are used, then the test will finally show n composite or prime. As soon as n is not a strong pseudoprime for a chosen basis, then n is composite. Our test involves 20 bases, namely the first 20 primes. To give an indication of the size of integers n for which accurate results can be obtained, note that only the four bases $2, 3, 5$ and 7 are needed to provide a deterministic test for primality of integers up to $25 \cdot 10^9$."

In dem Zitat findet sich der Satz „If sufficiently many bases are used, the test will finally show n composite or prime." Das heißt also, zu jeder zusammengesetzten Zahl n gibt es eine Basis b, für die n keine starke Pseudoprimzahl ist. Anders ausgedrückt:

Satz:(A) *Es gibt keine „starken Carmichael-Zahlen".*

Es gilt noch mehr:

Satz: (B) *Ist n eine ungerade zusammengesetzte Zahl, dann ist n starke Pseudoprimzahl für höchstens 25% aller b mit $0 < b < n$.*

Satz B motiviert folgenden Test:

RABIN-TEST: Wählt man „zufällig" k zu n teilerfremde Zahlen zwischen 0 und n aus, dann ist n mit einer Wahrscheinlichkeit von $1 - (\frac{1}{4})^k$ Primzahl, wenn n starke Pseudoprimzahl zu allen k gewählten Basen ist. Rabin konnte damit sofort die Zahlen $2^{400} - l$, $l = 1, 3, 5, \ldots, 591$, als zusammengesetzt nachweisen. Bei $2^{400} - 593$ wurde unter 100 Basiswerten kein Hinweis auf Nichtprimalität gefunden. Daher ist diese Zahl mit einer Wahrscheinlichkeit von $4^{-100} < 10^{-60}$ eine Primzahl. H. C. William fand dann einen „exakten" Beweis, dass diese Zahl prim ist, doch sollte man sich nicht darüber täuschen, dass die Wahrscheinlichkeit für einen Denk-, Rechen- oder Programmfehler in Williams Arbeit wohl größer als 10^{-60} ist.

Aufgaben:

304. Beweise: $n = 91$ ist starke Pseudoprimzahl für genau 25% aller möglichen acht Basen.

Satz B werden wir nicht beweisen. Ebenfalls nicht beweisen werden wir den nächsten Satz von Miller:

Satz: (C, Miller) *Sei n eine zusammengesetze ungerade Zahl. Wenn eine „gewisse andere Vermutung" (die sogenannte „Erweiterte Riemannsche Hypothese") richtig ist (was kaum ein kompetenter Mathematiker bezweifelt), dann gibt es mindestens eine Basis $b < 2 \cdot (\ln n)^2$, für die n keine starke Pseudoprimzahl ist.*

Dies besagt etwa, dass man für zusammengesetzte $n < 2, 6 \cdot 10^{43}$ bereits ein $b < 20000$ findet, so dass n kein $spsp(b)$ ist. (Vermutlich ist das kleinste b sogar noch viel kleiner.) Wir lassen all dies jetzt ohne weiteren

Kommentar so stehen und bemerken nur noch, dass man den Pseudoprimzahltest bis zur Basis $2 \cdot (\ln n)^2$ Miller-Test und den Pseudoprimzahltest
für irgendeine Basis $b < n$ auch Miller-Rabin-Test nennt.

Um uns hier aber nicht noch weiter in Unbewiesenem zu verlieren, wol-
len wir (A) beweisen: Der Beweis ist insofern ein gewisser abschließender
Höhepunkt des Buches, da hier viele frühere zentrale Themen (chinesischer
Restsatz, Existenz einer Primitivwurzel) entscheidend eingehen.

Satz 4.5.1 *Ist die ungerade Zahl n keine Primzahl, so gibt es eine zu n
teilerfremde Basis $b < n$, für die n keine starke Pseudoprimzahl ist.*

Beweis: 1. Fall: n hat mindestens zwei verschiedene Primteiler $p > q > 2$.
Wir wählen eine Primitivwurzel g modulo p und eine zu n teilerfremde
natürliche Zahl b mit $b = g \bmod p$ und $b = 1 \bmod q$. Dies ist nach dem
chinesischen Restsatz möglich. Dabei sichert man die Teilerfremdheit von
b und n durch die dritte (simultane) Kongruenz $b = 1 \bmod n'$, wobei n'
das Produkt aller Primteiler, verschieden von p und q, ist. Wir behaupten,
dass n nicht starke Pseudoprimzahl für die eben gewählte „Basis" b sein
kann. Zur Begründung schreiben wir zunächst n in der Form $n = 2^c \cdot u + 1$,
u ungerade, $c > 0$, also

$$(*) \quad b^n - 1 = (b^u - 1)(b^u + 1)(b^{2u} + 1) \cdots (b^{2^{c-1}u} + 1).$$

Nun ist q zwar Teiler von $b - 1$, also auch von $b^u - 1$, aber nicht von
$(b^{2^i})^u + 1$, für $u = 1, 2, \ldots, c - 1$. Denn letzteres ist kongruent zu $1 + 1 = 2$,
also $\neq 0 \bmod q$ ($q > 2$). Andererseits ist $b^u - 1 = g^u - 1 \neq 0 \bmod p$. Denn
die Ordnung der Primitivwurzel g (mod p) ist die gerade Zahl $p - 1$. Damit
kann die ungerade Zahl u kein Vielfaches von $p - 1$ und p kein Teiler von
$g^u - 1$ sein. Insgesamt folgt, dass n keinen der Faktoren auf der rechten
Seite von $(*)$ teilt, also keine $spsp(b)$ ist. Damit ist unser Satz im 1. Fall
bewiesen.

2. Fall: $n = p^a (a > 1)$, d. h., n ist eine Primzahlpotenz. Wir zeigen, dass n
nicht einmal eine Carmichael-Zahl ist, geben also eine Basis b an, so dass
n keine Pseudoprimzahl zur Basis b ist. Zunächst halten wir fest, dass es
eine zu n teilerfremde Zahl $g < n$ gibt, derart, dass $g^j \neq 1 \bmod p^2$ für alle
$j < (p - 1)p$ (mit anderen Worten: g ist Primitivwurzel modulo p^2, also
Erzeugendes in der Einheitengruppe von $\mathbb{Z}/p^2\mathbb{Z}$). Behauptung: Für $b = g$
gilt: $g^{n-1} \neq 1 \bmod n$. Denn andernfalls wäre auch $g^{n-1} = 1 \bmod p^2$, also
$p(p - 1)$ Teiler von $n - 1 = p^a - 1 = (p^{a-1} + p^{a-2} + \ldots + p + 1)(p - 1)$.
Das aber ist unmöglich.   □

Bemerkungen:

1. Mit ähnlichen Schlüssen beweist man eine schon früher erwähnte
Charakterisierung von Carmichael-Zahlen: Dazu sei n eine ungerade, zusammengesetzte Zahl.

a) Wenn n durch eine Quadratzahl > 1 teilbar ist, dann ist n keine
Carmichaelzahl („Carmichael-Zahlen sind quadratfrei").

b) Wenn n quadratfrei ist, dann ist n genau dann Carmichaelzahl, wenn
für alle Primteiler p von n die Zahl $p - 1$ ein Teiler von $n - 1$ ist.

2. Besitzt n zwei verschiedene Primteiler $p > q$, so kommt man im Beweis (im 1. Fall) ohne die Existenz einer Primitivwurzel g aus. Stattdessen
genügt es zu fordern, dass g „kein quadratischer Rest" modulo p ist (d.
h. es gibt kein x zwischen 1 und $p - 1$, so dass $x^2 = g \bmod p$ ist). Die
Schlüsse sind dann allerdings technischer, und der Beweis wird länger und
vielleicht auch ein wenig unübersichtlicher.

Aufgaben:

305. (a) Beweise in Bemerkung 1 die Charakterisierung b) der Carmichaelzah-
len.

  (b) Die 11stellige Zahl 10761055201 hat genau 6 Primfaktoren. Finde sie
durch „trial and error" und zeige, dass sie eine Carmichael-Zahl und
eine $spsp(2)$ ist.

306. Finde alle Basen, für die 561 eine starke Pseudoprimzahl ist. (Schwere
Aufgabe!)

Der letzte – ganz kurze – Abschnitt:

4.6   Die RSA–Verschlüsselung

Ein „public-key" -Verfahren: Die RSA-Verschlüsselung ist benannt nach
Rivest, Shamir, Adleman, die, einer Idee von Diffie und Hellman folgend,
Ende der siebziger Jahre folgendes effektive Verfahren zur Verschlüsselung
von Nachrichten realisierten. Dieses Verfahren beruht wesentlich darauf,
dass es relativ einfach ist, Zahlen auf Primalität zu testen (davon handel-
ten die vorangehenden Kapitel), aber sehr schwer ist, eine gegebene Zahl

in ihre Primfaktoren zu zerlegen (dazu haben wir allerdings in diesem Buch nichts gesagt, s.z.B. das Buch von Riesel oder, für einen ersten Eindruck: M. Pohst, Zur Faktorisierung großer Zahlen, MNU 41| 6 (1988), 335–339). Wir gehen davon aus, dass eine zu übermittelnde Nachricht bereits als Sequenz von Ziffern vorliegt. Jeder, der an dem „Nachrichtensystem" teilnehmen will, veröffentlicht („public") in einem Buch (nach Art eines Telefonbuchs) ein Paar positiver Zahlen; sagen wir, der Teilnehmer A gibt bekannt (n_A, s_A), die „öffentlichen Schlüssel", die allen Teilnehmern zugänglich sind. n_A ist dabei das Produkt zweier sehr großer Primzahlen (in der Praxis je einige hundert Stellen): $n_A = p_A \cdot q_A$. p_A und q_A behält A für sich („geheim"). s_A wählt er teilerfremd zu $p_A - 1$ und zu $q_A - 1$.

Will nun A an B eine (verschlüsselte) Nachricht M versenden, so sieht er im „Telefonbuch" B's Schlüssel (n_B, s_B) nach, teilt erforderlichenfalls M in Blöcke auf, so dass für das folgende $M < n_B$ angenommen werden kann. Zudem kann A leicht erreichen, dass M und n_B teilerfremd sind, indem er an das Ende von M etwa 01 (=a) anhängt. Jetzt sendet A an B folgende verschlüsselte Nachricht $E_A(M)$: $E_A(M) = M'$, wobei $M' < n_B$, $M' = M^{s_B}$ mod n_B. Um die Nachricht M' wieder zu entschlüsseln, berechnet B (ein für alle Mal) t_B, $0 < t_B < (p_B - 1) \cdot (q_B - 1)$, derart dass $t_B \cdot s_B = 1$ mod $(p_B - 1)(q_B - 1)$. (Man beachte, dass dies für B ziemlich einfach ist, aber für jeden anderen Unbefugten fast unmöglich ist, da dieser, um $(p_B - 1) \cdot (q_B - 1)$ ermitteln zu können, die Faktorzerlegung von n_B kennen müsste.) Jetzt rechnet B folgendes: $D_B(M') = M'^{t_B} = M^{s_B \cdot t_B} = M \cdot M^{(p_A-1)(q_A-1)} = M$ mod n_B. Dabei folgt der letzte Schritt aus der allgemeineren Fassung des kleinen Fermat, da $\phi(p_B \cdot q_B) = (p_B - 1)(q_B - 1)$.

Der Leser möge nun innehalten und – zuerst mit kleinen p, q – selbst eine Nachricht gemäß dem beschriebenen Verfahren ver- und entschlüsseln. Er wird sehen, wie einfach es ist. Mit DERIVE oder einem anderen Programm suche man dann große p, q und berechne das Produkt $n = pq$. Jetzt versuche man (wieder mit DERIVE) n in Primfaktoren zu zerlegen. Zum Schluss beschreiben wir noch, wie A und B gewährleisten können, dass B zweifelsfrei feststellen kann, dass die Nachricht von A kommt. Wir nehmen an, dass $n_A < n_B$ und $M < n_A$. A sendet an B die Nachricht $L = E_B(D_A(M)) = M^{t_A \cdot s_B}$ mod n_B. B decodiert L dann vermittels $E_A(D_B(L))$, er kennt ja den öffentlichen Schlüssel E_A. Damit erhält B die (sinnvolle) Nachricht M und er kann (fast) sicher sein, dass M tatsächlich von A kommt (jedenfalls von jemandem, der denselben Schlüssel wie A besitzt).

Der Leser führe diese Skizze im Detail aus, überlege sich, wie im Falle $n_B < n_A$ zu verfahren ist und konstruiere selbst Beispiele. Gegen dieses hier beschriebene Verfahren wurden verschiedene Einwände vorgebracht Zum Beispiel, wenn die kleinste Zahl m mit $(s_B)^m = 1 \bmod \phi(n)$ nicht allzu groß ist, dann kann man $E_B(M)$ entschlüsseln, indem man auf $E_B(M)$ den öffentlichen Schlüssel E_B $(m-1)$mal anwendet: $(M^{s_B})^m = M \bmod n$. m findet man durch Probieren, d.h. sukzessives Anwenden von E_B auf die verschlüsselte Nachricht, bis etwas Sinnvolles M herauskommt. Durch geeignete Wahl von p und q kann m sehr groß gemacht werden. Hierauf wollen wir aber nicht mehr näher eingehen, sondern auf die Literatur verweisen, z.B. auf die schon erwähnte Literatur oder auf das Buch von N. Koblitz (anspruchsvoll!) oder auf den interessanten Aufsatz von A. Engel, Datenschutz und Chiffrieren: Mathematische und algorithmische Aspekte, MU 6| 1979 (30-51). Dem Leser ganz besonders ans Herz legen wir dazu die beiden Bücher von A. Beutelspacher.

Lieber Leser, Du willst wissen wie die Reise weitergeht? Schaue in die Bücher des Literaturverzeichnisses, besonders in das Buch von Otto Forster über Algorithmische Zahlentheorie [For96] und verwende ARIBAS. Dies ist ein wunderschöner Interpreter. Mit ihm können zu sämtlichen Fragenkreisen, die in diesem Buche besprochen werden, Beispiele mit langen Zahlen berechnet werden. Seine Syntax ist ganz ähnlich der Syntax von Pascal. Er ist für jedes Betriebssystem frei an der folgenden Adresse erhältlich:

```
http://www.mathematik.uni-muenchen.de/~forster
```

„Wie lockte und winkte das vor uns liegende Leben, wie unbegrenzt geheimnisvoll und herrlich erschien es uns in dieser Nacht " ([Kow68], Seite 173).

Stichwortverzeichnis

Literaturverzeichnis

[Beu91]   Beutelspacher, Albrecht: *Kryptologie*. Vieweg, 1991.

[Bre89]   Bressoud, D.: *Factorization and Primality Testing*. Springer, 1989.

[BSW95]   Beutelspacher, Albrecht, Jörg Schwenk und Klaus-Dieter Wolfenstetter: *Moderne Verfahren der Kryptographie*. Vieweg, 1995.

[Dic19]   Dickson, L.: *History of The Theory of Numbers*. Carnegie Institut of Washington, 1919.

[Die85]   Dieudonné, J.: *Geschichte der Mathematik 1700 – 1999*. Vieweg, 1985.

[Dif88]   Diff (Herausgeber): *Algorithmen in der elementaren Zahlentheorie*. Deutsches Institut für Fernstudien an der Universität Tübingen, 1988.

[Eng91]   Engel, A.: *Mathematisches Experimentieren mit dem PC*. Klett, 1991.

[Euk73]   Euklid: *Die Elemente*. Wissenschaftl. Buchgesellschaft, 1973.

[For96]   Forster, Otto: *Algorithmische Zahlentheorie*. Vieweg, 1996.

[Gib93]   Giblin, P.: *Primes and Programming*. Cambridge University Press, 1993.

[Got90]   Gottwald (Herausgeber): *Lexikon bedeutender Mathematiker*. Harri Deutsch, 1990.

[Guy94]   Guy, R.: *Unsolved Problems in Number Theory*. Springer, 1994.

[Hof85]   Hofstdter, Douglas R.: *Gödel, Escher, Bach*. Klett-Cotta, 1985.

[Ifr89]   Ifrah, G.: *Universalgeschichte der Zahl*. Campus, 1989.

[Isc91]   Ischebeck, F.: *Einladung zur Zahlentheorie*. BI Wissenschaftverlag, 1991.

[Kan93]   Kanigel, R.: *Der das Unendliche kannte*. Vieweg, 1993.

[Kob94]   Koblitz, N.: *A Course in Number Theory and Cryptography*. Springer, 1994.

[Kow68]   Kowalewski, S.: *Jugenderinnerungen*. S. Fischer, 1968.

[KR90]   K.Ireland und M. Rosen: *A classical Introduction to modern Number Theory*. Springer, 1990.

[Krä89]   Krätzel, E.: *Zahlentheorie*. Vieweg, 1989.

[Lan89]   Lang, S.: *Faszination Mathematik*. Vieweg, 1989.

[Lün92]   Lüneburg, Heinz: *Leonardi Pisani Liber Abbaci oder Lesevergnügen eines Mathematikers*. BI Wissenschaftverlag, 1992.

[M.C07]   M.Cantor: *Vorlesungen über die Geschichte der Mathematik*. Teubner, 1907.

[Rib91]   Ribenboim, Paulo: *The Little Book Of Big Primes*. Springer, New York, Berlin, Heidelberg, 1991.

[Rib96]   Ribenboim, Paulo: *The New Book of Big Prime Numbers Records*. Springer, New York, Berlin, Heidelberg, 1996.

[Rie85]   Riesel, H.: *Prime Numbers and Computer Methods for Factorization*. Birkhäuser, 1985.

[Ros88]   Rosen, K. H.: *Elementary Number Theory and its Application*. Addison-Wesley, 1988.

[RP87]   Remmert, R. und P.Ullrich: *Elementare Zahlentheorie*. Birkhäuser, 1987.

[RT68]   Rademacher, H. und O. Toeplitz: *Von Zahlen und Figuren*. Springer, 1968.

[Ruc89]   Ruckert, Rudy: *Die Ufer der Unendlichkeit*. Wolfgang Küger Verlag, Frankfurt am Main, 1989.

[Sch94]   Scheid, H.: *Zahlentheorie*. BI Wissenschaftsverlag, 1994.

[Ser73]   Serre, J.: *A Course in Arithmetic*. Springer, 1973.

[Sie64]   Sierpinski, W.: *Elementary Theory of Numbers*. Wroclawska
           Drukarnia, 1964.

[Sie72]   Sierpinski, W.: *250 probleè de théorie élémentaires des nombres*.
           Librairie Hachette, 1972.

[SO80]   Scharlau, W. und H. Opolka: *Von Fermat bis Minkowski*. Sprin-
           ger, 1980.

[Wei92]   Weil, A.: *Zahlentheorie. Ein Gang durch die Geschichte von
           Hammurapi bis Legendre*. Birkäuser, 1992.

Mathematik als Teil der Kultur

Martin Aigner, Ehrhard Behrends (Hrsg.)
Alles Mathematik
Von Pythagoras zum CD-Player
2000. VIII, 296 S. Geb. DM 49,00   ISBN 3-528-03131-X

Mit Beiträgen von Ph. Davis (Philosophie), G. von Randow (Mathematik in der Zeitung), P. Deuflhard (Hyperthermie), M. Grötschel (Verkehrsplanung), J. H. van Lint (CD-Player), W. Schachermayer (Optionen), A. Beutelspacher (Kryptographie), H. G. Bothe (Fuzzy-Logik), B. Fiedler (Dynamische Systeme), J. Kramer (Fermat-Problem), H.-O. Peitgen (Mathematik in der Medizin), V. Enß (Chaos), R. Seiler (Atom-Modelle), M. Aigner (Primzahlen, geheime Codes und die Grenzen der Berechenbarkeit), E. Behrends (Schwingungen von Pythagoras bis zum Abtast-Theorem), E. Vogt (Knotentheorie), G. Ziegler (Keplers Problem), D. Ferus (Minimalflächen), O. Finnendahl (Mathematik in den eigenen Kompositionen) und P. Hoffmann (Mathematik bei Xenakis)

An der Berliner Urania, der traditionsreichen Bildungsstätte mit einer großen Breite von Themen für ein interessiertes allgemeines Publikum, gibt es seit einiger Zeit auch Vorträge, in denen die Bedeutung der Mathematik in Technik, Kunst, Philosophie und im Alltagsleben dargestellt wird. Im vorliegenden Buch ist eine Auswahl dieser Urania-Vorträge dokumentiert, etwa zwanzig sorgfältig ausgearbeitete Beiträge renommierter Referenten, die mit den gängigen Vorurteilen „Mathematik ist zu schwer, zu trocken, zu abstrakt, zu abgehoben" aufräumen.

vieweg
Abraham-Lincoln-Straße 46
65189 Wiesbaden
Fax 0611.7878-400
www.vieweg.de

Stand 1.4.2001
Änderungen vorbehalten.
Erhältlich im Buchhandel oder im Verlag.

Beutelspacher: Mathematik leicht gemacht

Albrecht Beutelspacher
Lineare Algebra
Eine Einführung in die Wissenschaft der Vektoren, Abbildungen
und Matrizen
5., durchges. Aufl. 2001. 301 S. Br. DM 39,80   ISBN 3-528-46508-5

Albrecht Beutelspacher/Marc-Alexander Zschiegner
Lineare Algebra interaktiv
Eine CD-ROM mit Tausenden von Übungsaufgaben
2001. ca. DM 68,00 (unverb. Preisempfehlung)   ISBN 3-528-06890-6

Albrecht Beutelspacher
„In Mathe war ich immer schlecht..."
Berichte und Bilder von Mathematik und Mathematikern, Problemen
und Witzen, Unendlichkeit und Verständlichkeit,
reiner und angewandter, heiterer und ernsterer Mathematik
3., durchges. Aufl. 2001. 163 S. Br. DM 32,00   ISBN 3-528-26783-6

Albrecht Beutelspacher
Kryptologie
Eine Einführung in die Wissenschaft vom Verschlüsseln, Verbergen
und Verheimlichen. Ohne alle Geheimniskrämerei, aber nicht ohne
hinterlistigen Schalk, dargestellt zum Nutzen und Ergötzen des
allgemeinen Publikums
6., überarb. Aufl. 2001. ca. VIII, 179 S. Br. DM 39,80
ISBN 3-528-58990-6

vieweg

Abraham-Lincoln-Straße 46
65189 Wiesbaden
Fax 0611.7878-400
www.vieweg.de

Stand 1.4.2001
Änderungen vorbehalten.
Erhältlich im Buchhandel oder im Verlag.